全民阅读·经典小丛书

责任胜于能力

ZEREN SHENG YU NENGLI

冯慧娟 编

吉林出版集团股份有限公司

版权所有　侵权必究

图书在版编目（CIP）数据

责任胜于能力 / 冯慧娟编 .—长春：吉林出版集团股份有限公司，2016.1

（全民阅读.经典小丛书）

ISBN 978-7-5581-0140-3

Ⅰ.①责… Ⅱ.①冯… Ⅲ.①责任感－通俗读物 Ⅳ.① B822.9-49

中国版本图书馆 CIP 数据核字 (2016) 第 031301 号

ZEREN SHENG YU NENGLI

责任胜于能力

作　　者：	冯慧娟　编
出版策划：	孙　昶
选题策划：	冯子龙
责任编辑：	刘晓敏
排　　版：	新华智品
出　　版：	吉林出版集团股份有限公司
	（长春市福祉大路 5788 号，邮政编码：130118）
发　　行：	吉林出版集团译文图书经营有限公司
	（http://shop34896900.taobao.com）
电　　话：	总编办 0431-81629909　　营销部 0431-81629880 / 81629881
印　　刷：	北京一鑫印务有限责任公司
开　　本：	640mm × 940mm 1/16
印　　张：	10
字　　数：	130 千字
版　　次：	2016 年 7 月第 1 版
印　　次：	2019 年 6 月第 2 次印刷
书　　号：	ISBN 978-7-5581-0140-3
定　　价：	32.00 元

印装错误请与承印厂联系　电话：18611383393

前言
FOREWORD

美国总统奥巴马在就职演讲中强调："这是个要负责的新时代，这个时代不能逃避责任，而要拥抱责任！"责任能让一个人在芸芸众生中脱颖而出。其实，一个人的成功，往往来自于他追求卓越的精神和不断超越自己的努力。一个人如果没有责任感，也就不会付出这种努力，也就难以取得成功。

我们常常可以看到，在社会上，能力出众的人比比皆是，但有人成功有人失败。从企业用人的态度上，我们或许可以分析出其中的原因。企业真正愿意雇佣的人是有责任感的人，因为在企业看来，责任胜于能力。

全球华人中最权威、最资深的实战型培训专家之一余世维也强调：责任胜于能力。他认为：敢于承担责任的员工才会被赋予更大的责任。也就是说，一个充满责任感的人才有展现自己的能力的机会。能力是在承担责任的过程中一点一点地体现出来的，没有责任就没有能力。在职场中，永

责任胜于能力

远没有做不好的工作，只有不负责任的人。即使你处在平凡的岗位上，只要你以认真负责的态度去工作，也能取得出色的成绩。

本书全面阐述了"责任胜于能力"这一理念，深度剖析了"责任的内涵""责任承载能力""责任提升能力""勇于担当"等世界500强企业奉为圭臬的价值观念和职业精神，探讨了"责任"对于每个人发展的重大意义。

总之，这本书能够激发你勇于负责的精神，促使你把握成功的先机，从而助你赢得成功。

目录
CONTENTS

第一章　责任的内涵 / 009

01 责任是一种使命 / 011

02 责任是伟大人格的体现 / 015

03 责任是个人价值实现的前提 / 019

04 负责应该成为每个人的生活态度 / 023

第二章　责任的承载能力 / 027

01 一盎司的责任感胜过一磅的智慧 / 029

02 履行职责才能展现能力 / 033

03 唯有勇于承担责任能让你不可替代 / 037

04 责任会激发出你的潜能 / 041

第三章　责任提升能力 / 045

01 责任提升你的知识储备 / 047

责任胜于能力

02 责任提升你的技能 / 051

03 责任提升你的管理能力 / 055

04 责任提升你的生活能力 / 059

第四章　勇于担当，方成大事 / 063

01 承担责任，方有作为 / 065

02 责任有多大，成就有多大 / 069

03 责任创造奇迹 / 073

04 责任成就强者 / 077

第五章　尽职尽责，缔造完美工作 / 081

01 工作意味着责任 / 083

02 你是在为自己工作 / 087

03 让问题到此为止 / 092

目录
CONTENTS

04 学会质疑和改进自己的工作 / 097
05 细节体现责任，做好每一件小事 / 101
06 在工作中要有敬业精神 / 105

第六章　不要推卸责任 / 107

01 不要说你不知道 / 109
02 不要不做任何决定 / 113
03 不要置身事外 / 117
04 不要嫁祸他人 / 122
05 不要坐等奇迹出现 / 126
06 不要急于证明自己的清白 / 131
07 不要漠视处于困境中的同事 / 135

第一章
责任的内涵

责任具有至高无上的价值，它是一种伟大的品格，在所有价值中它处于最高的位置。

——爱默生

人生只有一种追求，一种至高无上的追求，就是对责任的追求。

——科尔顿

放弃了对社会的责任，就意味着放弃了自身在这个社会中更好生存的机会。

——戴维斯

01 责任是一种使命

有这样一个游戏：在黑暗中，两个人相距一米，一个人朝另一个人所在的方向平躺下去，另一个人必须站在原地，用手接住对方。游戏开始后，接人者要说："你放心吧，我是责任者。"他要确保能接住倒下者。而倒下者要尽力让自己的姿势标准，让接人者顺利地接住自己。这个游戏的名字就叫"责任者"，游戏的目的是让每个人都明白承担责任的重要性，让每个人都成为一个能够勇于承担责任的人。

但责任究竟是什么呢？

责任，从根本上说是一种与生俱来的使命感，它伴随着一个人从出生到离世的整个过程。实际上，唯有那些能勇敢地承担责任的人，才会被赋予更多、更大的使命，也才有机会取得伟大的成就。一个没有责任感的人，是不会得到社会的认可的，也不会得到他人的信任和尊重。一个失去了信誉和尊严的人，又怎么可能在社会上立足呢？

在1968年的墨西哥奥运会马拉松比赛中，来自非洲坦桑尼亚的约翰·亚卡威是最后一名到达终点的选手。在比赛中，他因不慎跌倒而摔伤了腿，只能一瘸一拐地跑。当其他选手都跑完了全程，他还在赛道上蹒跚而行；当观众都纷纷离场了，他还坚持着自己的比赛。晚上7:30，约翰终于到达终点。此时，看台上的观众寥寥无几。人们问他："既然你的腿受伤了，为什么不放弃比赛呢？"他是这样回答的："国家派我从非洲途经3000多千米来此参加比赛，我不是仅为起跑而已——而是要完成整个赛程！"

　　受伤后，约翰·亚卡威虽然明知自己在比赛中不可能取得好名次，但是，他并没有放弃跑完全程。因为，对国家强烈的责任感让他不允许自己成为逃兵。能够认识到自己的责任，并能承担起这种责任，这样的人对自己、对社会都是问心无愧的。人可以平凡，也可以清贫，但是，绝对不可以没有责任。不论何时，我们都应该肩负使命，承担责任。

　　在职场中，不管你所从事的是什么样的工作，只要你能够承担起自己的责任，全力以赴地行动，就会得到老板的重视，得到社会的认可。

认真工作本身就是一种责任。

有的责任承担起来似乎很难，而有的则很容易。但是，难也好，容易也好，其区别不在于责任的类别，而在于你做人、做事的态度。只要你端正态度，心甘情愿地将责任承担起来，你就会做得很好。

帝尧曰："吾存心于千古，加志于穷民，痛万姓之罹罪，忧众生之不遂也。故一民或饥，曰：此我饥之也；一民或寒，曰：此我寒之也；一民有罪，曰：此我陷之也。"从这段文字中可以看出，尧立志让广大百姓都过上好日子，这是他神圣的使命。因此，看到百姓遭受灾难、生活潦倒时，他便从心里觉得难受，认为这是由于自己统治不当而造成的。这种勇于承担责任、把天下大治视为己任的精神让他最终开创了太平盛世。他本人也受到了后世的敬仰。

在社会中，人们需要相互合作、相互联系，才能生存和发展。每个人都承担起自己的责任后，整个社会才会和谐、美好。如果人们不承担自己的责任，就会给他人造成不便，甚至使他人的生命处于危险之中。

营造温馨的家庭需要责任，因为责任让家庭充满爱；营造和谐的社会需要责任，因为责任能让社会稳固安定；企业成长需要责任，因为责任能让企业更具战斗力和竞争力。

生活中，我们饰演着很多不同的角色。角色的多样性需要我们承担起不同的责任。从某种意义上说，角色饰演得成功与否取决于我们能否成功地承担起自己的责任。责任，让我们在逆境中不放弃自己，让我们在掌声中冷静下来，让我们在绝望中看到希望。因为我们生活在世上，不仅仅是为了自己，还是为了别人。所以说，一个人不管从事什么样的工作，担任什么样的职务，他都必须做到对自己、对他人负责。这不仅是社会法则，还是道德法则、心灵法则。

　　总而言之，责任是一种使命。在这种使命的驱使下，我们必须做好自己应该做好的有意义的事情。不承担自己应负的责任，或轻视自己的责任，就等于在平坦的路上设置障碍，最后绊倒的只会是自己。

02 责任是伟大人格的体现

责任承载了我们的品格和能力，是成功的必备要素。凡是有所成就的人，都具备勇于承担责任的品质。

克里米亚战争结束后，斯特拉特福子爵在庆功宴上和军官们做了一个有趣的游戏。子爵让每位军官在小纸片上写下他们心目中这场战争中的英雄，并进行匿名投票。结果大家不约而同写了同一个名字——南丁格尔。这个女人惊人地以全票被评选为克里米亚战争中的英雄。为了表彰南丁格尔，英国各界人士为她募得巨款作为奖金。她在1860年6月24日用这笔巨额奖金成立了"南丁格尔基金"，来奖励做出突出贡献的护士。此后，"南丁格尔奖"成了护士领域中的最高奖项。

南丁格尔何以获此殊荣，成为大家心目中的英雄？原因就在于她具备高度的责任感，让我们拿真实的事例来看她的认真负责。在巴拉克战役中，仅仅是几个小时，就有不计其数的伤员被运回来，南丁格尔要带领她的护士小分队在一片混乱中将所有事情迅速处理。一批伤员刚处理妥当，又有成百上千的印克曼战场伤员被运回，一切都需要从头开始。当所有事情有序进行时，南丁格尔则会去做更加危险和重要的事情。到这里负责的第一周，她有时连续一整天都忙于分配任务，没有时间休息，甚至连坐一下的时间都没有。

一位和她一起工作的外科医生说："南丁格尔的感觉系统很敏锐。我曾经跟她一起做过很多非常重大的手术，她做事时总是能把握到非常准确的程度,特别是在救护垂死的重伤员时,我们总是看到穿着制服的南丁格尔,弯下腰凝视着伤员,并且竭尽全力使用各种方法来减轻重伤员的疼痛。"

一个士兵回忆道:"南丁格尔护士尽可能鼓励每一个伤员,时常跟大家点头微笑。我们只有抬头看到她那亲切的身影,才能心满意足地躺到床上安心睡觉。"还有一个士兵这样说道:"我记得南丁格尔小姐没来的时候,医护室总是一片混乱;可自打她来了之后,那里就变成了圣洁的教堂!"

一个出生于富有之家的贵族小姐,却心系处于疾病之中的贫苦人民,并把减轻他们的痛苦作为自己的责任。因此,她才会在战争中走上战场,无微不至地照顾伤员,把危险置之脑后。因为在她看来,投身护

敢于站出来承担责任,是一种高尚的品格。

理事业正是上帝赋予她的责任！正是这种勇于负责的精神，才使她受到人们的敬仰。

责任体现了一种伟大的人格，承担责任的瞬间往往就是一个人最具魅力的时刻。意大利哲学家马志尼曾经这样说过："我们必须找到一项比任何理论都优越的教育原则，用它指导人们向美好的方向发展，教育他们树立坚贞不渝的自我牺牲精神。"责任就是这个原则，当然，这里的责任是终其一生的责任。

一位身居美国的意大利移民曾在20世纪初的人类史册上留下过辉煌的一笔，这就是弗兰克。他用自己辛苦攒下来的积蓄开了一家小银行，可好景不长，银行遭到了抢劫。这不仅使得他倾家荡产，还让他的那些储户们一夜之间失去了所有的存款。弗兰克决定带着他的妻女，偿还这笔巨款。

周围的朋友们都劝他不要这样做，毕竟弗兰克也是受害者，在这件事上他是没有责任的。然而，他却摇头说："或许在法律上，我的确不需要负任何责任，但是在道义上，我应该赔偿他们。"而这偿还的代价竟是30年的艰苦奋斗。当弗兰克寄出最后一笔"债务"时，他松了口气，轻轻地说："现在我终于还清所有的债务了。"弗兰克用自己一生的艰辛承担了他的责任，留给后人一笔巨大的精神财富。

罗曼·罗兰曾经说过："在这个世界上，最渺小的人与最伟大的人同样都具有一种责任。"一位大连公交车司机在行车途中心脏病突发，他克服了巨大的困难，在生命的最后一分钟里，完成了三件事：用尽力气拉动刹车杆，将车稳稳地停在路边；打开车门，让乘客们安全下车；

熄灭发动机，最终确保了乘客以及行人的安全。

做完这三件事以后，他趴在方向盘上，停止了呼吸。这位在生命的最后关头都不忘承担责任的司机让所有的大连人都记住了一个再普通不过的名字——黄志全。这是一位非常平凡的司机，然而正是这个普通人的高度责任心给我们带来了巨大的震撼。黄志全用自己的生命彰显了责任的内涵，呈现出了伟大的灵魂和人格。

每个人从出生的那一刻起，就开始承担责任了。随着时光的流逝，承担责任变得愈加重要。从我们承担责任的那一刻起，便获得了伟大的人格。每个人都应该让责任心伴随一生，焕发美丽的光彩。

03 责任是个人价值实现的前提

生活中，不少人时常会感到空虚寂寞，总觉得不知道该做些什么。还有些人时不时埋怨，认为老天爷对自己不公，总是让自己碰到诸多的不如意。之所以会产生这样的想法，是因为这些人缺乏责任心。很多时候不是因为你能力不足而无法克服，而是因为你没有责任心而选择逃避，最终被困难吓倒。只有勇于承担责任，才能克服困难，实现自我价值。

有些人在面对责任时，总是选择逃避。事实上，他们错了。因为任何人都不可能逃避责任。人出生后会充当众多角色，每个角色都有一种责任。无论你逃避人生中所扮演的哪一个角色，你都终将会发现，人生因你的逃避而变得残缺不全，你的个人价值也因此无法充分实现。

只有正视自己的责任，只有善待自己、严格要求自己，才不会在生活中迷失自己。一个对自己不负责的人，怎么可能会对他人负责呢？你有对父母的责任，父母对你有养育之恩。你有对爱人的责任，既然承诺了在一起，就要尽自己所能与她（他）一起白头到老，无论贫穷、富裕，都不能丢下自己的责任。你有对子女的责任，既然生下他们，就要尽力给他们创造健康的成长环境。一个连自己的子女都不顾的人，还能指望他去承担什么责任呢？你有对朋友的责任。人一生会有很多朋友，你对朋友的责任就是信任和付出，而且这种责任是相互的。一个对朋友不负责任的人，必定得不到他人的信任。这样的人即使很有能力，也不可能在社会上找到广阔的舞台去实现自己的价值。除此之外,你还有对社会的责任。人类社会是一个大家庭,每个个体都在这个大家庭中生活,只有依靠集体,个体才能更好地生存和发展。我们也应该怀着感恩的心来报答社会。而敢于承担责任的人都会将自己与社会的关系看作鱼与水的关系。

这些都是你无法逃避的责任。也只有在承担这些责任的同时,人生价值才得以体现。如果一个人只是为自己而奋斗,一个很小的困难都可能会让他中途放弃;但倘若他是为了爱人、亲人,甚至是整个团队而奋斗的话,即使是常人难以承受的困难都可能克服。克服困难的动力就是对责任的承担。只有勇于承担责任的人,才会拥有一个幸福温馨的家庭、一份好工作以及一

对工作负责的人必定会受到老板的重视。

个好口碑。

在这诸多责任之中，最容易被忽视却又十分重要的一项就是对社会的责任。对社会责任的承担是我们实现理想、体现人生价值不可或缺的，毕竟，人生存于社会之中，具有社会属性。

5.12汶川大地震后，中国人民大学的7名学生化悲痛为力量，花了15天的时间做了一份4万字的"震后恢复建议"，并将其送呈国务院。很快，国务院应急办要他们再送几份，并请他们到中南海参与会谈。不久，四川省副省长李成云致信这几名大学生，向他们表示感谢，并希望与他们一起讨论。他们对社会的责任感让我们深深感动。每个独立的个体都不是汪洋大海中的孤岛，作为集体中的一部分，每个个体都有责任关心和帮助这个集体的其他成员：虽然这七名学生没有身处灾区，他们的心却时刻挂念着灾区的人们，惦记着灾区的重建；他们虽然不一定是四川人，但是"我们都是汶川人"的观念已经深深根植于他们的内心深处。

正是社会责任感使得这些大学生自觉关注灾后重建工作。如果没有这种自觉的行动，他们仅仅是停留在感动层面的话，那他们的建议书也终将只是个人的内心感受和情绪的抒发。即便是他们在其中获得了对生命的反思，但于灾区而言，并没有什么实质性的意义；另外，只有以高度的责任感、切实的行动来释放这种感动，才能让感动的力量持续下去。

如今，忽视社会责任是很多人的通病，而在这个背景之下，这些学生的所作所为使得他们的形象更显得突出。社会学家孙立平先生曾在研究中用"底线失守"来总结社会上各种混乱的现象。孙教授认为，正是因为人们只注重自我，忽视了责任感这个令个人生命厚重的源头，才导致包括诚信、尊重、规则意识等底线的失守。在需要奉献的时刻，正是由于责任心的缺失，人们才会选择沉默或是离开；在需要人们挺身而出的时刻，大家通常只是义愤填膺，议论纷纷，但却很少有人真正站出来用行动表明立场。而人大这几名学生以社会中的最大现实作为选题，这本身就意味着他们对社会责任的承担。

在生活中，每个人都应该将责任作为伴随一生的选题：我们需要有为社会、为他人承担责任的意识，需要有把这种意识化为行动力的勇气。事实上，是责任让我们拥有人生厚度，是责任让我们找到自身的价值。

04 负责应该成为每个人的生活态度

有这样一个故事：两座古庙分别坐落在一座高山的南北两侧，二者相距不远。南侧寺庙里的和尚经常吵架，甚至是拳脚相向，永无安宁之日；北侧寺庙的和尚则是彼此相安无事，过着和睦快乐的生活。南侧寺庙的住持看到北侧寺庙的和尚个个笑容满面，心里无比羡慕，可又不知道其中的奥秘所在。于是，他特意跑到山北边，向那里的小和尚请教。

住持问："小和尚，你们究竟有什么法宝能让你们相处得这么和谐愉快呢？"

小和尚竟然脱口而出："还不是因为我们常犯错嘛！"

住持不解，正要进一步请教时，忽然看到一个老和尚匆匆走进大厅时不小心摔了一跤。在一旁拖地的小和尚和门口一侧的大和尚都赶忙跑来，扶起老和尚，分别赔不是。一个说："对不起，都怪我，把地弄这么湿，让你摔着了。"另一个则道："是我错了，我应该事先提醒你，要你小心些。"只见老和尚拍了拍衣服，轻轻地叹口气说："不，不关你们的事，是我自己太不小心了。"看到这一幕，住持恍然大悟，明白了这个寺庙里的和尚能够和睦相处的奥妙。

为什么山北侧的庙里的和尚过得快乐？因为他们把负责当成一种生活态度，他们不怕承担责任，甚至主动去承担责任。结果，他们的生活不是越来越沉重，而是越来越轻松。

我们每个人的生命都是一个奇迹。我们父母的结合，也许历经了很多波折，他们的结合也许只是一种偶然，而这种偶然的背后似乎冥冥中注定了我们降临的必然，昭示着生命的奇迹。那么我们就应该对生命负责，对自己负责，对奇迹负责。

如果一个人缺少了负责的生活态度，他一生的轨迹会如何呢？

小时候，他不小心打碎了妈妈最爱的花瓶。他觉得家人对自己十分宠爱，便自我安慰道："这有什么？我毕竟还是小孩。"几年后，他上学了。一天，因为贪玩，他没完成作业，这时他又自我安慰道："偶尔一次而已。"参加工作后，有一次他给车间工友发工资，算错了数字，此刻的他自我解嘲："我毕竟刚参加工作，犯点小错，情有可原。"等他当上领

如果能将负责作为一种生活态度，那么不管走到哪里都会受到欢迎。

导后，被查出贪污公款，他慢慢地说："我已经老了，拿这点钱也是在所难免的。"最后，他被送入监狱。年老后，他被送入养老院，不小心打破了桌上的花瓶。他刚要说话，只听护理小姐扭头对别人说："嗨，这老头有精神病，算了吧。"

虽然这只是一个虚构的故事，但是却形象地为我们展示了这样一个道理：不管是在工作中，还是在生活上，都要做一个负责任的人。

许多人表示，不负责任会让他们没有压力，生活得非常轻松。于是，诸多不负责任的行为便发生在我们的周围。有些年轻情侣会把自己的婴儿丢在马路边，而不去想他们的行为会对孩子将来的生活带来多大的痛苦；2002年11月19日的油轮沉没事故就是油轮管理层和船员的不负责任导致的，这已经是近20年来第八艘沉没的巨型油轮了；此外，不负责任的工厂所排放的有害气体致使成千上万的生物受到影响……这些不负责任导致的惨剧每时每刻都会发生。

而那些获得成功的人，都是把负责当作一种生活态度的人。在公司的奖励大会上，受到表扬的员工这样说道："事实上我自己并没有多做什么，只是做了应该做的事情。其实，对工作负责并不是一件多么难的事情，只要你把它融入内心，作为自己的生活态度，就能做好工作，像我一样受到公司的表彰。"

由此可见，勇于担责已经成了这类人的一种生活态度，他们也必定会成就一番事业。

有个学者在瑞士访问时，经历过这样一件事，让他感慨不已。一次他在洗手间听到旁边的小间传来奇怪的响声，而且这响声持续了很久。

出于好奇,他从小门的缝隙望去,居然看到一个七八岁的小男孩在修理马桶。他一问才知道,原来是冲刷设备出了问题,小男孩上完厕所后没能把脏东西冲下去,于是他正全力地修理它。学者感慨良久,连连赞叹小男孩年纪这么小,就已经懂得对自己的行为负责了。

责任是人格的基石,如果想要在社会上立足,就必须将负责任内化为自身的生活态度,不断提醒自己做一个负责任的人。

第二章
责任的承载能力

有无责任心,将决定生活、家庭、工作及学习的成败。

——列夫·托尔斯泰

尽管责任有时使人厌烦,但不履行责任,只能是懦夫,不折不扣的废物。

——刘易斯

01 一盎司的责任感胜过一磅的智慧

一家外贸公司的老总要飞往美国进行商务谈判，并且要在一个国际性的商务会议上发表演说。因而他身边的几名优秀员工都忙碌起来，甲负责写演讲稿，乙负责写与美国公司的谈判方案。

在老总出国的那天早晨，各部门主管都前来送行，一名主管问甲："你负责的演讲稿打好了没有？"甲睡眼惺忪地说："稿子写完后都凌晨4点了，我困得实在不行了，所以就去睡了。稿子是用英文写的，我可以保证内容绝对不会出现问题。老总看不懂英文，在飞机上不会阅读。待他上飞机后，我马上去公司把文件打好，然后用传真机传过去就可以了。"

老总来到公司后的第一件事就是问甲的主管："甲写好的演讲稿呢？"甲的主管按照实际情况回答了老总。谁知老总听后非常生气，责问甲："这不是耽误时间吗？我原本打算在飞机上与同行的外籍顾问讨论一下演讲稿。而且，你知道我不懂英文，为什么不准备一份中文的呢？"甲听了老板的话以后脸色惨白。

到了美国，老总和众人讨论了乙准备的谈判方案。乙把方案做得非常出色，内容既全面又有针对性。在制作方案时，乙详细地调查了对方的情况，并列出了谈判中可能出现的问题，提出了相应的策略；甚至连如何选择谈判地点等细节性的要素，乙都没有忽略。实际上，为了完善这份方案，乙整夜都没有休息。因为乙的方案十分周全，老总在和美国公司的谈判中处处掌握主动权,并最终赢得了谈判。老总回国后,马上提拔了乙,而甲却受到了冷落。

美国作家阿尔伯特·哈伯德曾提出过"一盎司忠诚等于一磅智慧"的说法。忠诚就是一种责任感,实际上一盎司的责任感往往胜过一磅的智慧。真正出色的员工只是比他人多走了一步路,也可以说,只是多承担了一盎司的责任(盎司是英美制重量单位,一盎司等于1/16磅)。

在上面的故事里,甲与乙同为公司里的优秀员工。但是,甲在工

对工作负责的人才能在职场上轻松前进。

作中由于责任心不够，忽视了老总在行程安排上可能会发生的变化，结果不但耽误了老总的工作，还破坏了自己在老总心中的形象。而乙那份完备而周详的方案则充分显示出他对公司高度的责任感。其实，同甲相比，乙不过是多了一盎司的责任感而已，但结果却大相径庭。

北京的某家医院曾经出过这样的医疗事故：一个要做扁桃体摘除手术的患儿失去了胆囊；而要做胆囊摘除手术的患儿却留下了咽部残疾。事故发生的原因很简单，当天这两名患儿都要做手术，而且手术时间只相差十来分钟。当时，医院只剩下一辆手推车，护士因为懒得跑两趟，于是将两个患儿放在了同一辆车上。进入手术室后，她也未核对患儿的病史信息，而是随意把两人放到不同的手术台上。结果，就发生了原本不应该发生的悲剧。

这名护士在履行职责时只差了那么一点点责任感，但导致的结果却非常严重。与此形成鲜明对比的是，有一位公司的经理都70多岁了，还经常不知疲倦地飞往世界各个角落，处理公司的各项事务。他总是说，他还可以做得更好。正是在这种强烈的责任感的驱使下，他才成就了自己的伟大事业。

巴顿将军的战争回忆录《我所知道的战争》一书中有这样一段内容：

"当我想提拔一些人时，我会把所有的候选人召集到一起，然后给他们抛出一个我想让他们解决的问题。我会说：'伙计们，我需要在仓库后面挖一条战壕，8英尺（1英尺合30.48厘米）长，3英尺宽，6英寸（1英寸合2.54厘米）深。'我所说的就这么多。然后，我就趁他们检查工具时走进仓库，通过仓库的窗户观察他们的行为。我看到这些人把锹和镐放在仓库后面的地上。他们先休息一会儿，然后讨论我为什么要挖这样的战壕。有人说6英寸深的战壕不足以做掩体，有人说这样的战壕太热或太冷。如果这群人中有军官，他们就会抱怨不该让自己干挖战壕这样的体力劳动。最后，有个伙计大声说：'让我们拿起工具干活吧，把战壕挖好后我们就可以离开这里了。那个老家伙愿意用战壕做什么就做什么。'"

巴顿在书中告诉世人，那个提议干活的人最后得到了提拔。

这个人并没有像其他人一样质疑巴顿让他们挖战壕的目的，只是服从将军的命令，将挖战壕的任务付诸行动。在西点军校，学员需要学会的第一件事就是服从。无论你的思想有多自由，你都必须保证"不管叫你做什么都照做不误"。服从命令是军人的天职，也是军人的最大责任。

俗话说，商场如战场。在企业中，同样需要服从意识。每一位员工都应该学会服从，按照领导的安排做事，就好比每一个军人都要服从上级的指挥一样。员工在服从时应该放弃个人的利益，全力融入企业文化之中，这就是员工的责任。不管是国家、军队还是企业，甚至是一个小小的部门，每一个成员都必须承担应该承担的责任。只有这样，国家才能昌盛，军队才能强大，企业才能发展，部门才能完成任务。即使再细微的地方，哪怕只缺失了一点责任感，都会给自己和所属的组织造成可怕的后果。所以，我们每个人都应该牢记："一盎司的责任感胜过一磅的智慧。"

02 履行职责才能展现能力

责任是所有能力的统帅，没有责任，能力就是一盘散沙，没有任何用途。不知道肩负责任的员工，即使忙碌一辈子，也不会成为优秀的员工；而能够肩负责任的员工，他的能力就会逐渐展现出来，从而在工作中实现个人的最大价值。所以说，一个人只有履行职责才能展现能力。

在20世纪70年代中期，索尼彩电深受日本国民喜爱，在日本占有极大的市场。不过，它在美国市场却陷入了销售困境，销售数量少得可怜。为了占领美国市场，索尼公司先后派出数位负责人前往芝加哥开拓市场，但他们都无功而返。当时，日本的国际地位还比较低，其商品在国际上的竞争力也比较弱。大多数美国人都认为日本货品质低劣，因此不愿意购买。那些负责人以此为理由，为自己不能开拓市场辩解。

尽管如此，索尼公司并没有放弃美国市场。卯木肇担任索尼国外部部长后，曾被派往芝加哥开拓市场。当卯木肇在芝加哥调查索尼彩电的具体销售情况时，他惊讶地发现，索尼彩电在那里根本无人问津。卯木肇苦苦思索着一个问题：自己的产品质优价廉，在国内十分畅销，为什么在国外却受到如此冷落呢？

经过认真调查，卯木肇知道了发生这种状况的原因。原来，之前到来的负责人只是盲目追求销量。他们为了增加销售量，不顾公司的形象，在当地主流媒体上一而再再而三地发布降价销售索尼彩电的广告。这些举动使美国人更加相信索尼彩电就是垃圾产品，因此更不愿意去买。这样，索尼彩电的口碑和销量都受到了影响。此时，卯木肇有充足的理由回国了：前任们已经把市场破坏得千疮百孔，这并不是我的责任！

但是，卯木肇并没有这么做。他认为，既然自己被派到美国，不管遇到什么困难，都要完成开拓市场的任务。那怎样才能改变美国人对索尼产品的糟糕印象进而打开美国市场呢？经过仔细分析，卯木肇决定找一家实力雄厚的电器公司做突破口，彻底扭转索尼彩电在美国市场上的不利局面。

在芝加哥，实力最为雄厚的电器零售公司就是马歇尔公司。卯木肇决定以这家公司为突破口，一步步地打开索尼彩电在美国市场上的销路。为了尽早见到马歇尔公司的总经理，卯木肇一大早就去求见，但总经理拒绝见他。第二天，他特意选了一个总经理可能会比较闲的时间去求见，但秘书说总经理外出了。第三天，卯木肇再次出现，依然毕恭毕敬地等待总经理出现。总经理被他的耐心打动了，于是接见了他，但是拒绝在自己的店里卖索尼的产品，理由是索尼彩电一直在降价出售，形象太差。卯木肇认真地听完总经理的批评，表示马上着手改变产品形象。

从马歇尔公司出来后，卯木肇取消了降价销售索尼彩电的营销策略，并在当地报纸上重新刊登广告，塑造索尼的大牌形象。做完这些后，卯木肇再次来到马歇尔公司的总经理办公室。这次，总经理依然拒绝销售索尼彩电，理由是索尼的售后服务太差。卯木肇回去后，马上成立索尼特约维修部，全面负责产品的售后服务工作；并重新刊登广告，写明特约维修部的电话和地址,同时声明是24小时为顾客服务。

卯木肇要求他的员工每天都要拨五次电话,向马歇尔公司订购索尼彩电。马歇尔公司的工作人员被连续不断的求购电话弄得头脑发昏,竟然误将索尼彩电列入"待交货名单"。总经理得知这一情况后非常生气,大骂卯木肇。卯木肇并不生气,而是满脸笑容地接受批评。等总经理发完火后,他才说:"我多次拜见您,不仅是想让本公司的产品打开美国市场,同时也是考虑了贵公司的利益。索尼彩电是日本国内最畅销的彩电,它质优价廉,只要您同意在店里销售,一定会为贵公司带来极大的利润。"最后,总经理终于同意了,但只是试销,而且只能摆放两

在履行职责时展现自己的能力,出色地完成任务,才能在人群中脱颖而出。

台。如果一个星期之内卖不出去,就必须撤走。

为了将这两台彩电卖出去,卯木肇派出了两名最出色的员工,要求他们必须在七天之内完成任务,否则他们就会被解雇。这两名员工使出浑身解数,在第一天下午就把彩电卖了出去。后来,马歇尔公司又追加了两台。从此,索尼彩电成功地入驻马歇尔公司旗下的商店。有了良好的销售平台,在随后到来的家电销售旺季里,索尼彩电一共销售出去了700多台,而时间只有短短的一个月。就这样,索尼彩电打开了美国市场。马歇尔公司在销售索尼彩电中大赚了一笔,使得芝加哥市的其他商店都争相销售索尼彩电。不到三年,索尼彩电在芝加哥的市场占有率高达30%。

从卯木肇打开美国市场这件事来看,他的个人能力确实非常高。但是,他的能力是如何体现出来的呢?是他在竭尽全力地履行自己职责的过程中逐步体现出来的。像他这样勇于承担责任的员工是不会在没有努力的情况下,就找出一堆借口,推卸自己的责任;他会想方设法完成公司交给的任务。条件不具备,他就创造条件;即使道路坎坷,他也不会放弃前行。这样的人不管在哪里工作,都不会无功而返,他们会在履行职责的过程中让自己展现出最大的价值,从而出色地完成自己的任务。

03 唯有勇于承担责任能让你不可替代

当今职场流行这样的一句话："大多数员工在公司都不是不可替代的，大家的岗位就像地铁的座位一样，一旦你离开，就会有其他人补上来。"能够被轻易顶替的原因就在于你没有优秀到无法取代的程度。职场竞争激烈，怎样才能做到无法取代，是每个人都应该思考的问题。

有两头牛拉着木车一前一后在路上行走。前面的牛非常卖力，拉起车来心无旁骛。而后面的那头牛不肯好好走路，经常东张西望，好几次差点使车倾覆，没有丝毫的责任感。后来，人们就把后一辆车上的货物装到前面的车上。后面的那头牛拉着空空的木车，得意扬扬地走着，对前面那头牛说："你真是个笨蛋，你越卖命地干活，人家就越折磨你。你看我走得多轻松！"到达目的地后，主人说："既然只用一头牛就可以拉车了，我为什么要养两头呢？更何况还要养一头懒牛。不如杀掉懒牛，用省下的饲料好好喂养能拉车的牛。"于是，那头懒牛就被主人宰掉了。

在职场中，到处都有像懒牛那样的懒惰、不负责的员工。当然，老板不会宰掉他们，但是一定会解雇他们。而剩下的那头牛，看似在"自讨苦吃"，但实际上它因为勤奋、负责而逐渐变得不可替代。在工作中，当你试着承担起责任后，你会惊讶地发现：工作其实并不枯燥，而是充满了乐趣；自己也并不平庸，而是非常出色。你慢慢就会成为公司中不可替代的员工。

所以说，要想让自己变得不可替代，就要对工作切实负起责任来。格蕾丝·莫里·赫柏的事例就是对这个道理的最好阐述。赫柏的工作令电脑编程发生了翻天覆地的变化。以前，电脑程序只能用数字或者二进制代码编写，这使得写码和改错既困难又枯燥。赫柏开始质疑：为什么代码必须是数字？难道不可以是其他的东西吗？比如说英文单词。她试图解决这个问题，但遭到了众人的嘲笑和反对。赫柏没有理会这些，并最终发明了计算机编程语言COBOL。那些枯燥的数字终于可以用英文

要想让自己变得不可替代，就要对工作切实负起责任来，同时你也会得到相应的回报。

单词代替了。赫柏也因此获得了《计算机科学》年度奖，她是获此殊荣的第一名女性。她为社会做出了巨大的贡献，也在工作中实现了自身价值，使自己成为这一领域不可替代的人。

拿破仑曾说过："没有人能阻止你成为最出色的人，除了你自己。"不管你从事什么样的工作，不管你是领导还是职员，只要有可能，就应扩展自己的职责，让自己承担更多的责任。比如，接手他人不愿意接手的高难度工作，给自己制定比公司规章更严格的工作标准，主动帮助他人解决工作中出现的问题。时间一长，你就会发现，你越来越受领导的重视，你的工作能力也越来越突出。即使公司不断地裁人，你也会是那个被留下并加薪升职的人。因为你已经成为公司不可替代的员工。不要将责任看成负担，它是磨砺你的机遇。一个勇于承担责任、有勇气挑战困难的人是任何老板都在寻找的人。这样的人在职场中不愁没有发展的空间。

一位成功学家聘请了一个年轻的女孩作为自己的助手。女孩需要替他拆阅信件，并把信件分类。她的工作似乎毫无乐趣可言，但是女孩依然全力以赴，她不仅在白天勤奋工作，还在晚饭后回到办公室继续工作。替成功学家给读者回信并不在她的工作范围之内，但她做了，而且做得很好。她仔细揣摩成功学家的语言风格，使自己写的回信和他写得一样好，甚至比他写得还好。没有人给女孩额外的报酬，不过她毫不在意，并一直坚持这样做。一天，成功学家的秘书辞职了，他要挑选一位新秘书。他很自然地就想到了这个能干、负责的女孩。

下班后，女孩继续坚守在岗位上。虽然没有额外报酬，但她依然努力去做分外之事。在没有成为秘书之前，女孩所做的工作已经包括了秘书的工作。也就是说，她已经有资格接受更高的职位，因此最后得到了提升。

这个年轻女孩的故事并没有结束。她在新的岗位上依然尽职尽责，将工作做得尽善尽美，她的优秀引起了许多公司的关注。他们纷纷以更高的薪水和职务邀请她加盟。为了挽留住这名出色的员工，成功学家多次提拔她，并给她更高的薪水。对此，成功学家依然感觉很值，因为他得到的这名员工没有人可以替代。

有这样一些员工，他们刚开始工作时态度很认真，一旦做出一些成绩之后，就沉溺在满足之中，忘记了责任。其实，在现今这个快速发展的时代，无论今天的你多么成功，一旦停止了前进的步伐，就随时有被炒鱿鱼的可能。在职场中，大家需要谨记，成功的关键并不在于我们曾经取得过多么大的成就，而是取决于我们是否无可替代，是否能在未来有更好的发展。

总之，社会总是为出色的人才敞开大门。要做到出色，你就必须勇于承担自己的责任，将工作做到最好。如果你一直坚持这样做下去，你就会发现你在老板心目中的地位越来越高，你就会被提拔到更高的职位上，甚至有机会参加公司的决策会议。老板之所以看重你，是因为你已成为了一个不可替代的人。

04 责任会激发出你的潜能

电影《绿野仙踪》讲述了这样一个故事：小姑娘桃乐丝被一场龙卷风刮到了一个陌生而神奇的国家——奥芝国。虽然桃乐丝在这里遇到了很多有趣的事，但她还是想回家。为了返回家乡，桃乐丝和狮子、铁皮人、稻草人沿着黄砖道前往翡翠城找寻奥芝大法师，希望从他那里获得智慧、勇气，并找到回家的路。奥芝大法师告诉他们："达成目标的力量，其实就在自己身上。"也就是说，每个人都有强大的力量，可以解决一切难题。这就是可以开启成功之门的奥芝法则。

接受现实，解决问题，付诸行动，达成目标，这都需要勇气、决心、智慧。而这些能力不用求助外界或他人，它们就潜藏在我们身上。

那我们怎样才能挖掘出潜藏在我们身上的这些能力呢？答案就是：让自己具有强烈的责任感。

我们要想让自己的事业有更大的发展，让自己的家人过上更好的生活，在工作中就应该切实肩负起自己的责任，不仅要做那些上司吩咐的事情，还要主动做那些需要做但上司还没有吩咐的事情。只要是有助于企业发展的事情，我们就必须发挥自己的主观能动性，全力以赴地去做。

我们有了这种想法后，以前认为平庸的工作就会逐渐变得精彩非凡。认真负责地专注于自己的工作，不仅能让我们出色地完成任务，还能让我们从中学到许多东西。最后，我们会发现，自己的工作能力越来越高，自身的价值也在工作中不断得到实现。

不过，责任感不是与生俱来的，它需要我们不断培养。培养责任感最重要的就是不要忽略身边的小事。在工作中，无论是多么小的事情，只要我们做得比别人好，我们就会越来越优秀。而且，责任感也会随着这些小事一步步地植入你的心中。

将责任感深植心中，让它在我们的大脑中形成强烈的意识，我们还需要为自己树立一个远大的目标。有了远大的目标，我们的积极性就会被调动起来。这样一来，不管是在工作中，还是在生活中，我们都会表现得很优秀。

一个小男孩给兰斯太太打电话，问她："您需要一名割草工吗？"兰斯太太拒绝了，说："我已经有了一名割草工。"小男孩又

乘着责任的飞机我们能飞得更高。

说："我工作很认真，会帮您除掉草丛中的杂草。"兰斯太太说："我的割草工也是这样做的。"小男孩又说："我还会把步行道的四周修剪整齐。"兰斯太太说："我的割草工已经帮我做了。谢谢你，我想我不需要新的割草工了。"小男孩挂断了电话，站在他旁边的同伴疑惑不解地问道："你不就是兰斯太太新请的割草工吗？为什么要打这个电话呢？"小男孩说："我只是想知道自己做得好不好！"

经常问自己："我到底做得好不好？"这就是一种责任意识。

一个年轻人毛遂自荐，想成为一位著名作家的抄写员。经过一番考核，这位作家认为这个年轻人完全有能力胜任这项工作，于是与他讲明条件后，就让他坐下来开始工作。但是，年轻人看了看钟表，迫不及待地对作家说："我现在还不能开始工作，我必须要去吃饭。"那位作家说："噢，那你就去吃饭吧！我永远不会与你一起工作了。"

那个年轻人曾对作家表示过自己找工作的艰难，以及找到工作后一定要认真负责的决心。可是，当他真的找到了工作，又把自己说过的话抛在了脑后，只想着提前去吃饭，而忘记了自己应该承担的责任。

对于那些自以为是而忘记自己应负责任的人，巴顿将军是这样评价的："（这种人）一文不值，遇到这种军官，我会马上调换他的职务。一个人一旦自以为是，就会远离前线作战，这是一种地道的胆小鬼的表现。唯有负责任的人，才会为自己所从事的事业心甘情愿地献身！"

实际上，没有哪一项工作不需要承担责任。一个人肩负的责任越重，说明他的职位越高，权力越大。校长的责任在学校以及一校的学生身上，总统的责任在国家以及一国的公民身上。不要推卸责任，要排除万难，勇敢地承担起工作中的责任。这样，我们才会出色地完成工作任务，在职场中脱颖而出。

安德鲁·卡耐基说："有两种人绝对不会成功：一种是除非别人要他做，否则，绝不会主动做事的人；另外一种则是别人即使让他做，他也做不好的人。那些不需要别人催促就会主动做事的人，如果不半途而废，他们将会成功。"

每一个人，都应该以积极主动的态度去做事。只有这样，我们才能够不断挖掘自身的潜力，使自己不断强大，并且实现自己的目标和理想。

成功的力量就藏在我们自己的身体里。神奇的奥芝法则告诉了我们人生的真谛，那就是：在坎坷的人生路上，我们应该接受现实，勇于负责，积蓄力量。这样，我们的未来才会一片光明。

第三章
责任提升能力

一个优秀的员工，一定会不断地让自己增值。一个优秀的组织，一定会不断地提升品牌价值。责任是一个人自我增值的最大砝码，也是一个组织自我升值的关键因素。

——严介和

责任心将你的身体与心智的能量锲而不舍地运用在同一个问题上而不会使你厌倦。假如你们将你们的责任感运用在一个确定的方向、一个目标上，你们一定能够成功。

——托马斯·爱迪生

01 责任提升你的知识储备

有调查表明，在工作数年之后，大多数员工适应了工作环境并能轻松完成本职工作后，就容易安于现状，很少有人能坚持积极进取的学习状态。其实，这种心态是阻碍进步的绊脚石，安于现状是目光短浅的表现。只有将目光放得长远一些，不断自我鞭策，积极学习，才能持续地提升自我，提高工作效率。

自幼在贫苦山村中成长的小张经过自己的刻苦努力，终于得到了计算机专业硕士学位，而他也成了家乡父老们心目中最有出息的孩子，小张的父母为此感到骄傲。毕业后，春风得意的小张在大城市的一家大型IT（信息技术）公司做工程师，薪水颇为丰厚。可时间一长，他逐渐自满起来，责任感减少了，学习进取的热情也消磨殆尽，只是安于现状。这时公司招了高学历的新人，新员工技术上跟小张旗鼓相当，但比小张积极进取。新员工不但工作尽职尽责，还不断努力学习新知识。这时公司领导开始器重新人，而小张的压力越来越大，很难迎头赶上，最后只能辞职。

回顾小张的案例，你会发现，起初他凭借着专业优势在大城市找到了很好的发展基点。但高职高薪使得他日益骄傲自满，丧失了责任感，他误以为只要靠自己的专业知识就能胜任工作，永远保持身价。殊不知IT业技术更新非常快，这就要求从业人员坚持学习，才能应对新需要。否则，职业竞争力就会下降，被后来者打败。因而，即便是拥有高职高薪，若无法保持积极进取的状态，也终将被淘汰，丧失大好的发展机会。

或许有人会辩解道,在一个工作岗位上待久了,激情自然而然就会丧失,有几个人能保持不断学习的积极状态呢?让我们来听听美国第十六任总统林肯是怎么看待这个问题的:"每个人都应该有这样的信心:人所能负的责任,我必能负;人所不能负的责任,我亦能负。如此,你才能磨炼自己,求得更多的知识并进入更高的境界。"

由此你就能够明白,提高自己知识和能力的关键在于一颗责任心。只有拥有将一切都做好的责任心,你的能力才能得以持续提升。

一旦拥有了责任心,无论你从事何种工作,都能学到很多。小萌在

提高自己能力的关键在于拥有一颗责任心。

一家公司担任文秘兼内勤，公司里大大小小的琐事都需要她管。时间一久，她没有了新鲜感，找不到激情和动力了，逐渐感到郁闷、压抑，总觉得自己一直做"打杂"的工作太没意义了。她开始渴望自己的生活多姿多彩，更有意义。于是她想到了跳槽，另谋高就。而同样是从事这一职业的小丽就跟她不同，小丽总在琢磨着如何把工作做到更好，在工作中不断丰富自己，因而把工作做得有声有色。小丽的用心使得她在"打杂"中，慢慢地熟悉了公司业务的流程。在为领导打字时，她学会了合同的拟订方法；在收发国内外传真、整理档案时，她学到了相关的业务知识，了解了签订合同与谈判的流程与技巧。日子久了，小丽变得更加优秀，不仅能出色地完成任务，还能主动对某些业务提出意见。后来，领导慧眼识英才，提升她做助手，她的工资待遇也得到了大幅提升。其实，这也是责任的神奇力量啊！

　　一个人一旦有了责任心，就会生发出无穷的力量，向着目标努力前进，即使前方有无数的挫折和磨难，但只要他坚守责任，就会变得一往无前，所向披靡。而那些不思进取的人是不会有什么大的成就的。凡是有远大理想、希望自己能做出一番大事业的人，总是坚持学习、超越自我，走得比别人更远。意志和恒心能促使他不断努力，争取更好的未来。如果你想迅速获得出色的解决问题的能力，就去找一些别人解决不了的困难，迎难而上。解决了困难，也就是超越了自己，你自然会在众人中脱颖而出。

　　进入信息时代后，无论是对于企业还是个人而言，唯一可以保持持续性发展优势的方法就是利用知识的力量去创新。知识型员工要想具备持久的创新力，就必须树立终生学习的观念。现代社会科技的发展可谓日新月异，新技能、新知识不断涌现。只有养成良好的学习习惯，积极进取，用开放的心态去面对新生事物，才能不断超越自我，开创更加美好的未来。

因此，大家不应该整天怨天尤人，慨叹命运不公，也不应抱怨自己时间不够用。因为只有努力付出了，才会有收获。只有不断提升自己的责任心，才能获得解决各种困难的能力，为公司谋取更多的发展契机，成为公司中不可替代的员工。所以，我们要保持积极进取的心态，不断超越自己，为自己赢得更广阔的发展空间。

02 责任提升你的技能

在《专业主义》一书中，管理大师大前沿一表示：今后的社会中，随着竞争的日益加剧，个人、团队、企业都将走向专业化，那些专业化程度相对较低的工作将会在竞争中被逐渐淘汰。所以，大师呼吁社会各界要反复审视自身，不断反思自己如何能做到更好，如何能更加专业。可见，专业化的时代就要来到了。那么我们应该怎样应对呢？

俗话说："打铁需要自身硬。"这句话告诉我们，不管从事哪个行业，都必须重视自身的专业技能。我们要经常问自己，自己的专业技能是否已经达到了同行业中的先进水平。或许有的人会不屑一顾："我没有从事高科技行业，我的工作非常普通，没什么技术含量，也没人会重视。我也没必要花大力气研究，只要有工资就行了。"其实，有这种想法的人一定是责任感不强的人，他也不会在工作上有多大的成就。

让我们先来看看文莉这位新华书店的图书供货员是如何对待自己的工作的吧。将新到的图书按顺序放入书架，并把之前不太好卖的书挪到架底，这就是文莉每天要做的工作。上班时，总有顾客问她，某书摆放在哪里。因为书太多了，她只记得大概位置，所以每次都要花些时间才能找到。文莉心里有些过意不去，觉得是自己专业技能不够好，才会浪费顾客的时间。本着负责的精神，文莉下定决心，今后，凡是自己负责的区域，必须要牢记每本书的位置。可是，她负责的区域有几千本书，况且有些书还时常变动位置，想要记住每本书的位置还真不是一件容易的事情。该怎么办呢？文莉想了想，她只有加深对每本图书的印象，把它们当成自己的朋友一样深入了解，才能逐渐熟悉它们。此后，在工作之余，文莉就不断翻阅图书，对每本书有了一个更加深入的认识，和每本书之间建立了深厚的感情。四个月过去了，文莉已经能轻松记下每本书的位置。一旦有顾客找她问某一本书的位置，不出10秒，她就能找出来，甚至是告诉顾客图书的确切位置——第几排第几层第几册，丝毫不差。对此大家无不称奇。

如果你是一名图书管理人员，你能否在10秒钟之内找到一本书？文莉做到了，因为她想对顾客负责。有了负责的精神，就有了提升技能的动力，就能让自己取得更大的进步。

冯宁在南方一家煤炭公司工作了三十多年，是一名平凡但不平庸的员工。他从锅炉工做到司炉长、班长、大班长，甚至是锅炉技师，最后成为远近闻名的"锅炉点火大王"和"锅炉找漏高手"。至今他仍在自己深爱着的锅炉运行岗位工作。

大家都知道，锅炉在使用中很容易出现问题，发生事故。冯宁认为，虽然自己只是一名普通的锅炉工，但也要负起极大的责任，保障工厂的正常运转和工友们的人身安全。在责任感的鞭策下，他不断提高自身专业技能，练就了一副"神耳"，只要他绕着锅炉转一圈，就能凭借炉内的各种声音判断出锅炉的哪个部位有泄漏。除此之外，他还练就了一手锅炉点火、锅炉燃烧调整的绝活；在用火、压火、配风、启停等多方面，都有自己独到的见解；针对锅炉飞灰回燃不充分的问题，他提出了进行技术改造和加强管理的建议，使得飞灰含炭量降低到8%以下，锅炉热效率提高了4%，每年为企业节约32万元；针对锅炉传统除灰方式存在的问题，他提出的"恒料层"运行方案，解决了锅炉负荷大起大落的问题，使标准煤耗大大下降，年节约200多万元。

冯宁不是神人，他也是一名普通的员工，入行时，他学历不高，职务很低，跟其他工人没有什么两样，可后来他却成了大家所公认的技术能手和创新能手。这是为什么呢？仔细分析一下，我们就会发现这一切还是缘于他有一颗负责任的心。冯宁遇到困难时，从来不会推给有经验的老师傅去解决，而是自己一个人默默地琢磨，日思夜想该如何克服。正是因为如此，他才攻克了一个又一个困难。冯宁自己也说，是责任给了他提升技能的动力。

一个有责任心的人会努力钻研工作，提高专业技能，成为公司的模范员工。

我们应该时常反思，自己是否已经掌握了本行业的专业技能，自己的技能是否达到了所在行业的标准。如果还没有，那么我们应该给自己设定多长时间来完成；如果已经达到了，也不能就此放松，因为技能是可以不断突破的。

只要我们有责任心，想为顾客提供更好的产品或服务，想让企业得到更大的发展，想让自己有更广阔的发展空间，那就不要吝啬自己的表现，努力钻研工作，让自己的专业技能不断提高！

众所周知，"更高、更快、更强"的奥运口号，激励着每一位运动员。事实上，如果具备了高度的责任心，我们这些普通人也可以像运动员一样，不断超越自我，提升专业技能。

03 责任提升你的管理能力

日本"松下电器"的创始人松下幸之助被人称为"经营之神",日本企业的诸多管理制度例如"事业部""终生雇佣制""年功序列"等,都是由他创立的。他认为,责任心是管理者的必备素质之一。他曾这样形容自己的团队:"当我的企业只有10个人时,我最能干;当我的企业有100个人时,我和他们一起干;而当我的企业有1000人时,我只能站在后面感谢他们。同时,信任来自责任,我会更加负责地维护松下的未来。"

松下幸之助认为一名管理者必须学会对所有事的成败负责,绝不能把责任推给下属。当然,这并不是说要管理者全权处理一切,而是说要充分授权,随时听报告,并及时对下属予以指导。

松下幸之助在对待员工方面有自己独特的方式,他总是尽力提高员工待遇,努力为他们搭建发展平台,并与员工建立互信的关系。他时常拿自己的经验来指导并鼓励员工,还着力培养员工们的责任感。早在1945年,他就提出:"公司要发挥全体员工的负责任精神,打造坚不可摧的企业。"到了20世纪60年代,松下电器公司又推出一项新举措:每年年初,公司都要举行新产品的出厂庆祝仪式。这一天,全体员工在松下幸之助的带领下,头戴丝巾,身着武士上衣,挥舞旗帜,目送几百辆货车壮观地驶出厂区。在这一过程中,每位员工的内心都会升腾起自豪感、责任感,为自己身为这个团队的一员感到骄傲。

几位曾被松下降级的员工，事后都说道："是我错了，谢谢松下先生重新给我机会。"由此可见，即使是受到处罚，松下的员工们也能心服口服。在一次采访中，有记者这样问松下："你为什么能够使你的员工全心全意为松下服务呢？"松下幸之助回答说："是责任，松下公司对员工的责任一刻都没有放弃过，是责任让我拥有如此多的'朋友'。"

从这些事例中，我们可以发现强烈的责任感是一个成功的管理者的必备要素。只有将责任置于首位，你才能提高管理能力。有些管理者在发现问题后，总会将原因归结于操作人员的能力不够或粗心大意等方面，认为这是由于员工经验不足所导致的。可是他们从未想过，如果真

能担任管理工作的人必定是有责任感的人。

如他们所想的这样，那么公司能力最强的人才必须充当一线员工，因为只有这样才能做到避免出现事故。毕竟，按照他们的逻辑来说，所有错误都是员工的问题，与管理者无关。

如果一个管理者凡事都给自己留好退路，那么当他遇到麻烦时，一定会想方设法推卸责任，将问题推给领导或其他部门来处理。这种管理者时常会用"与你们商量商量"或"向领导汇报汇报"之类的方式与他人沟通工作。一旦他人的意见符合他的心意，他便去执行；可若出现了问题，他就会把责任推到他人身上。有一位王经理，担任某公司的售后部经理，负责处理公司的质量投诉。有一次，市场上的该厂产品出现了质量问题。经检查，王经理认定这是技术问题，可随后的技术检查结果表明产品不存在技术问题。王经理认为技术部门没有认真配合，这个问题解决起来并不容易，于是就把事情搁置起来。这样一来，该厂产品的质量问题不但没解决，还在市场上进一步暴露，造成客户大量退货，给公司带来了巨大损失。公司追究责任时，王经理仍然强调这是由于技术部门的不配合造成的，最终他还是没有认识到一个负责的管理者应该充当什么样的角色。

像王经理这样没有责任心的管理者，在职场上是不可能有发展空间的。设想，如果管理者都没有责任心的话，他的下属也必定会养成推卸责任的习惯，这样一来，整个团队的工作效率必定会大大降低。

一天，某集团的老总在下班时发现公司的清洁工正在用一个几乎掉光了齿的耙清理树叶，他便走上前去，问道："你怎么用这么差的工具干活？"

清洁工答道："我一进公司分到的就是这样的耙。"

老总听了不解："那怎么不去拿一把好的呢？"

"上面不给，你说我怎么办？"

老总一听，顿时火冒三丈，立刻让主管带清洁工领新工具。事后，老总问主管："你觉得自己在这件事上有责任吗？"主管连连点头。总裁说道："你的工作就是要确保你的员工有合适的工具，记住，这是你的责任。"

其实，这位主管的责任不单单在于确保下属有合适的工具，更重要的是他应主动为下属更换合适的工具。下属的不主动就是主管最大的失职，也是他工作中最大的败笔。试想，如果员工没有敬业精神，那么管理者所管理的团队也不会有大的发展。

所以说，对于管理者而言，仅仅自身具备能力和责任心是不够的。他们的主要职能就是管理他人，培养员工对工作的责任感，充分发挥员工的主观能动性。因为每个个体的能力和责任心对公司整体的发展而言，都是作用甚微的。只有把勇于负责的精神融入企业文化之中，鼓励每位员工都做到有能力、负责任，才能让公司获得长久发展。这样才是成功的管理人员。

04 责任提升你的生活能力

很久以前，在遥远的大山下，住着一位可以预知未来的老人。据说，老人能回答所有的问题。有个年轻人听说了，很不服气，就想刁难老人一下。年轻人捉了只小鸟，藏在身后，找到老人，问："我手中的小鸟是活的还是死的？"他想，一旦老人回答是活的，他便立即掐死小鸟，证明老人答错了；若是老人回答是死的，他就让小鸟飞掉，证明它是活的。老人郑重地看着这个年轻人，叹了口气："生命就掌握在你的手上！"

是的，生命掌握在自己手中。在现实生活中，一副副担子压在我们肩头，无论轻重，都需要我们用毅力、用恒心去扛。这些担子有个统一的名字，就是"责任"。对于积极的人而言，责任是生活的动力，推动着他们前行；对于悲观消极的人而言，责任是束缚他们前行的枷锁。我们只有完全接受自己的责任，不再为自己找借口，才会创造美好的未来。

在我们周围，有很多极具责任心的人。他们本着对父母、对家庭的责任心，勇挑重担，努力奋斗。"全球华人首富"李嘉诚就是一个典型的例子。在他14岁时，父亲就去世了，留下他和几个年幼的弟弟妹妹，小嘉诚的妈妈为此受到了巨大的打击。身为长子，李嘉诚毅然担起了对家庭的责任，选择退学打工，赚钱养家，保护家人。李嘉诚离开学校后，便进入社会打工，他一心希望母亲和弟弟妹妹们过上好日子。正是在这种责任心的鼓舞下,他克服了各种困难,最终成就了一番大事业,成为华人首富。

生活中,在同情心、进取心、自信心、恒心、孝心、雄心等各种美好的品质中,责任心是最重要的。因为责任心可以弥补很多缺点,只要切实将责任落到行动的实处,就会做出一番成就,拥有幸福生活。例如《阿甘正传》中的阿甘,虽然他头脑极其简单,但是责任心使他做到了许多常人难以企及的事情,最终取得了巨大的成就。

责任心不仅存在于人类社会,在动物世界里同样存在。南非一个动物园养了三条狼:分别是狼爸爸、狼妈妈和幼狼。长期的人工饲养使

面对生活中的各种琐事,每个人都应承担自己的责任。

得它们的狼性锐减，精神状态也越来越差。为了使它们重振雄风，动物园决定将这个狼家庭送回大自然，让它们重获野性。饲养员们担心外界生存压力大，长期生存于动物园的狼短时间内可能无法适应大自然的环境，同时放掉三条狼比较冒险，于是大家决定先将最强壮的狼爸爸放回大自然。几天过去了，人们发现，狼爸爸的肚子瘪瘪的，它一直在动物园附近徘徊，并没有到远处去觅食。饲养员们并未因此而收留它，而是做了一个大胆的决定，将幼狼也放了出去。

幼狼出来后，狼爸爸带着它离开了动物园。此刻，饲养员们的心都悬了起来，不知道这对父子会发生怎样的状况，会不会再回来。接下来的几天，它们没有回来。正当大家越来越担心它们的安全时，却发现这对父子回来了，令人欣喜的是，它们并没有饿得瘦骨嶙峋，相比之前反而强壮了许多，幼狼也长大了很多，父子俩精神抖擞。由此看来，回归自然后，带领幼狼的狼爸爸比孤身一人时生活好了许多。专家后来分析，这是由于幼狼在身边，狼爸爸要尽到做父亲的责任，猎取足够的食物给幼狼。

看到健壮的它们，大家松了口气，就把狼妈妈也放了出去。自从这一家三口团圆之后，它们就再也没有回来过，看来，这一家在森林中过着不错的生活。

从这则故事大家可以看出，狼爸爸对幼狼的责任感从未消失过，尤其是在幼狼回归大自然后，狼爸爸更是竭尽全力，让幼狼更好地生活。当狼妈妈被放出后，它们除了共同承担照顾幼狼的责任以外，还要尽到彼此互相照料的责任。而这也是它们再也没有回到动物园的原因，此后这个家庭在大自然中开始了它们崭新的生活。

狼明白自身的责任，清楚自己在不同的角色中应该做什么。身为父母，它们有养育幼狼的责任；在猎捕食物时，它们也有不同的分工，承担不同的职责。如此一来，它们的生存能力大大提高。

有一位伟人曾经说过："人生所有成功的履历都排在勇于负责的精神之后。"即使你曾经跌倒在路上，只要你心中充满责任，你就会很快爬起来，继续前行。

在生活中，每个人都应该谨记自身要承担的责任。无论面对什么样的困难，你都要努力克服；碰到再大的委屈烦恼，也要微笑应对。用心爱自己，用心爱他人，是每个人的责任。一旦尽到了这份责任，你就会惊叹原来自己竟拥有如此强大的能力。

第四章

勇于担当，方成大事

这是个要负责的新时代,这个时代不能逃避责任,而是要拥抱责任!

——奥巴马

01 承担责任，方有作为

一个小男孩和伙伴们一起踢足球，不慎将足球踢到了一户人家的窗户上，结果窗户上的玻璃被击碎了。一位老人怒气冲冲地从屋子里跑出来，大声说："这是谁干的好事？"孩子们一哄而散，只剩下了小男孩。小男孩低着头走到老人面前，诚挚地向老人道歉，并请求老人原谅他。但是，老人坚持让小男孩赔偿15美元。那是在1920年，15美元是个不小的数目，足可以买125只母鸡。而小男孩每天只有几美分的零花钱。不管小男孩如何请求，老人就是不松口，一定要他赔偿15美元。

最后，无奈之下小男孩只好向父亲说明情况，并希望父亲能够为他承担赔偿的责任。父亲一向很疼爱小男孩，他认为父亲是绝不会吝啬这15美元的。可让他没有想到的是，父亲拒绝了他的请求。小男孩伤心地说："我并没有足够的钱赔偿老人的损失。"小男孩的父亲拿出15美元，严肃地对他说："我借给你15美元，但一年后你要把钱还给我。因为，每个人都要承担自己的过错，这是一个人的责任，谁都不能逃避，包括你。"

当时，小男孩才12岁。可是，他把15美元赔给老人后，不得不从事一些自己力所能及的工作赚钱还债。他放弃了玩耍的时间，把课余时间都利用起来赚钱。经过半年的辛苦工作，他终于攒下了15美元，并把这些钱还给了父亲。父亲非常高兴，拍着他的肩膀说："一个能为自己的过失承担责任的人，将来一定会是一个大有作为的人。"小男孩从父亲的夸奖中，生平第一次明白了责任的意义。

后来，美国爆发了一场经济危机，男孩的父亲在危机中破产了。那时，男孩刚大学毕业。他主动承担起养活一家人的责任，并资助哥哥在学校继续深造。后来，他成为一位著名的电视节目主持人。但就在他事业发展的顶峰时期，出于一种强烈的责任感，他公开批评了通用电气公司，而这家公司是他所在电视公司的最大赞助商。因此，他不得不离开自己钟爱的新闻事业。之后，他投身政界。

就在他当选为美国总统后，美国又爆发了一场经济危机。于是，他又承担起了领导当时世界上第一大国走出危机的责任。最终，他把一个经济复苏的美国交到了继任者手中，他就是美国第四十任总统罗纳德·威尔逊·里根。里根对小时候打破他人玻璃的这件事一直记忆犹

承认自己的错误也是负责任的一种表现。

新，他在回忆时曾说过这样的话："一个人要勇敢地承认自己的错误，要勇敢地承担自己的责任。只有勇于承担责任的人，才能成为一个大有作为的人。"

在父亲的教育下，里根从小就懂得了承担责任的意义，并成为一代伟人。他不仅肩负起了对家庭的责任，还肩负起了对整个美国的责任。

在职场中，有这样一种人，他们把承担责任作为自己的职业习惯。我们总能从这样的人身上看到无数的闪光点：他们对公司非常忠诚，不管在言语上还是在行动上都十分注意维护公司的形象和利益；他们能够融入公司文化中，并坚决抵制公司中出现的不良风气；他们懂得感恩，爱公司，以公司为家；他们具有团队精神，将每一位员工都视为自己的合作伙伴，关心、帮助他人，而不是嫉妒、排挤同事；他们忠于职守，从不失职，也不越权；他们的话说得不一定最漂亮，但工作一定做得最漂亮；他们的进取心很强，并且擅于创新，总是全身心地投入到工作中，绝不满足于已有的成绩，更不会得意扬扬地"躺"在功劳簿上。

李开复曾在苹果公司从事技术工作。有段时间，苹果公司的经营出现了问题，公司发展缓慢。李开复在熟悉了公司的整体运作后，发现了一个问题：公司并不缺少优秀的多媒体技术人员，但是缺少用户界面设计领域的专家。因为没有这方面的专家介入，无法开发出简便、易被接受的多媒体软件产品，因此导致公司出现了发展困境。这类经营战略问题，可以说和技术人员无关。但是作为苹果的一员，李开复认为自己有责任帮助公司渡过难关。于是，他写了一份名为《如何通过互动式多媒体再现苹果昔日辉煌》的报告。报告引起了苹果高层的注意。最后，苹果公司决定接受李开复的建议，开发简便、易被接受的多媒体软件，并提拔李开复为互动多媒体部门的总监。

多年后，李开复遇到了自己在苹果公司的一位上司，这位上司对他说："当年，我们看到你提交的报告后非常惊讶。我们一直以为你只是语音技术领域的专家，并不懂公司的管理和经营，没想到你懂。如果没有你的那份报告，苹果在多媒体领域就不会有今天的成绩，你也就不会成为公司总监和副总裁。苹果的再次辉煌，和你的报告有重大关系。"

从李开复的例子中，我们可以看到，一个热爱公司、对公司和工作具有高度责任感的员工，一定会在职场上脱颖而出。当一个人把勇于承担责任变成一种职业习惯后，他的一生一定会大有作为。

02 责任有多大，成就有多大

人们往往会羡慕甚至嫉妒他人所取得的成就。但是，你是否看到了他人背后所承担的巨大责任。在嫉妒他人之前，你应该先问问自己："我承担了多大的责任？"

有一个大国的国王拥有辽阔的土地、强大的军队和富庶的人民。他住在富丽堂皇的宫殿里，调遣无数仆人，享用天下美食，把玩奇珍异宝。很多人都羡慕国王的这种生活。一天，一个小国的国王前来拜访他，说："您真是一个成功的人，拥有每个人都想要拥有的一切，您应该是世上最幸福的人了。"大国国王反问道："你真的这样认为吗？""当然！"小国国王回答说，"您拥有最多的土地、最多的财富、最大的权势，我们这些小国的国王根本就不能和您相提并论。在这个世界上还有谁比您拥有的更多呢？"大国国王沉思了一下，说："既然你这样认为，不如你来坐一天我的位置吧！"小国国王痛快地答应了。

第二天早上，小国国王被带进这座富丽堂皇的宫殿。大国国王吩咐所有的仆人要像伺候他一样伺候小国国王。小国国王穿上了精美的王袍，坐在宴会厅的餐桌前开始享用美食。餐桌上都是他没有见过的美味佳肴，周围乐师演奏着他从没有听过的悦耳音乐。他陶醉了，他还没有享受过如此美妙的生活。

就在他仰起头，要把一杯美酒一饮而尽的时候，他忽然发现天花板上悬挂着一个东西。而且，那个东西几乎要碰到他的头了。他仔细一看，不由得大吃一惊，原来那是一把宝剑！剑刃锋利，闪闪发光，直刺他的眼睛。

小国国王一下子失去了所有的兴致，他的脸色变得苍白，身体瑟瑟发抖。他已经忘记了美食和音乐，只想马上离开这里。因为那把宝剑只用一根纤细的马毛吊着。他想跳起来，都又没有这样做，唯恐自己的动作幅度太大而弄断那根马毛，使宝剑落到自己头上。

看着小国国王怪异的神色，大国国王关心地问道："你身体不舒服吗？"小国国王心惊胆战地回答："头顶上的那把剑太可怕了。"大国

一个人赋予自己多大的责任，就会取得多大的成就。

国王听后微微一笑，说："哦，那把剑是我挂在那里的，目的是想提醒自己，成功和责任是对等的，权力和风险也是共存的。既然当上了这个国家的国王，我就必须承担起对国家以及国民的责任。让国家富强、让人民安居乐业是我必须要做到的事。如果我做不到这些，那么风险就好比这把剑，随时会落到我的头上。人民可能会推翻我，邻国也可能会攻打我，我这个国王也就可能当不下去了！你仅仅看到了我的土地、权势和财富，都没有看到它们背后的东西，也就是我所承担的责任。"

正所谓：位高者责重，名显者责大。一个没有责任感的人，是无法取得任何成就的。因为不承担责任，就意味着你无所作为。一个无所作为的人无法得到社会的肯定，也无法实现自己的人生价值。

责任是一个人的立身之本。一个人赋予自己多大的责任，就会取得多大的成就。

一家大型集团的董事长曾说过："责任能够让一家公司走向伟大。"汶川地震发生后，在中央电视台举办的"爱的奉献——2008抗震救灾捐款晚会"上，加多宝集团捐出1亿元人民币，用于四川地区抗震救灾工作。这场晚会一共筹集了15亿元捐款，加多宝集团捐出的1亿元是国内单笔最高捐款。该企业这种对社会负责的行为，受到了人们的一致赞扬。人们称其为"最有责任感的企业"，对其旗下产品更加青睐。加多宝集团也因此获益良多，品牌形象更加鲜明，发展势头也更加迅猛。

人们都说，心有多大，舞台就有多大。同样，我们也可以说，你的责任有多大，你能走的路就有多远，你所取得的成就就有多大。

当你承担起一个家庭的责任时，你会是一个好丈夫（好妻子）；

当你承担起一个公司的责任时，你会是一个好老板；

当你承担起一个地区的责任时，你会是一个好官员；

当你承担起一个国家的责任时，你会是一个好的领导人；

当你承担起全人类的责任时，你会是一个救世主。

03 责任创造奇迹

2008年5月12日14时28分4秒，在汶川八级强震猝然袭来。这是新中国成立以来破坏性最强、波及范围最广的一次地震。地震发生后，大地满目疮痍，呼救声此起彼伏。在地震中，北川县受灾情况最为严重。但是，在紧临北川的桑枣中学，2000多名学生，100多名老师，均无一伤亡，这创造了震后无人员伤亡的奇迹。不过，这一奇迹的发生不是因为上天的眷顾，更不是因为侥幸，而是缘于学校对安全工作的极端重视，缘于学校校长叶志平对学生的高度责任感。

叶志平是桑枣中学的校长，他深知，如果教学楼不结实，学生早晚会因此而受害。一旦出了事，他就没有办法向学生家长交代，更没办法向自己的良心交代。况且，他曾亲眼见过一些学校发生的事故。有的学校因墙体坍塌而砸伤学生，有的学校因组织不善而造成踩踏事故发生。出于一种强烈的责任感，他不允许这样的危险降临在自己的学生身上。

学校的教学楼建于20世纪80年代中期，由于不是正规的建筑公司修建的，所以一直没有通过验收。叶志平当上校长后，开始加固这座教学楼。比如，1998年，他发现这座楼的楼板缝中填充的竟然是水泥纸袋。他马上找到一家正规的建筑公司，让他们在板缝中灌注混凝土。1999年，他将整修的目标放在了整栋教学楼的22根承重柱上。按照规定，教学楼的柱子应该为水泥浇灌的直径50厘米的五〇柱，但实际上柱子只是37厘米直径的三七柱，而且所有的建材都不符合规定。叶志平硬是按照规定，一根根地加固了所有的承重柱。

这座楼在修建时只花了17万，但在加固的过程中，叶志平却花费了40多万。看着日益坚固的教室，他认为这钱花得值。没有钱，他就一点点地向教育局要。因为学生要在教学楼里上课，他就与施工单位协调，让他们利用寒暑假和周末的时间开工。凭着蚂蚁啃骨头的精神，他一点一点地将整座教学楼修好、加固。

当学校建新教学楼时，叶志平成了质量监督员。大楼的表面要贴大理石石板，叶志平认为，只贴一下并不安全，一旦掉下来就会砸到学生，他不能冒这个险。在他的吩咐下，施工人员在每块大理石石板上打四个孔，然后用四个金属钉将石板挂在外墙上，最后再粘好。用建筑专

只要有一颗责任心，再平凡的角色也能登上领奖台。

业的术语来表示,这叫"干挂"。在这次大地震中,没有一块大理石石板掉下来。

除了在学校的硬件上"动大手术",在软件上,他也不放松。从2005年开始,学校每学期都要组织一次紧急疏散演习。学校会提前通知学生,说本周内将有一次演习,但不会讲明具体在哪天。这一天到来后,学校在学生课间操或者休息时,会突然用高音喇叭喊:全校学生紧急疏散!

在演习之前,学校早就规划好了每个班的疏散路线,并通知学生在演习时应该如何行动。教室里的学生一般坐成9列8行,所以学校规定,前4行的学生从前门撤离,后4行的学生从后门撤离。学生都必须排成单排疏散,两个班合用一个楼梯。至于走哪一个楼梯,学校早已规定好。此外,学校还再三提醒学生,在2楼、3楼上课的学生要尽量跑快一些,以免堵塞楼梯;在4楼、5楼上课的学生要尽量跑慢一些,否则就会造成楼道中人员拥挤,易发生踩踏事故。就连学生疏散到操场上的位置也是固定的,每次各班级的学生都站在本班级的区域内,不能出错。

在最初搞演习时,学生们都不以为然,只是将其当作娱乐活动。可是,在校长的严格要求下,他们在演习中的行动越来越到位。最后,不管是学生还是老师,不管是支持者还是反对者,都积极配合学校的演习,每次疏散都井然有序。

地震发生的那天,叶志平并没有在学校。不过,学生们早已熟记了校长的要求,并练熟了疏散的方式。当地震波袭来的时候,老师大声喊道:"所有人趴到桌子下面!"学生们立刻趴下去。而老师则迅速地将教室的前后门都打开，这样，当更强烈的地震波到来时，房门就不会因扭曲而打不开。

地震波一过，老师马上组织学生有秩序地冲出教室。老师都像往常一样站在了各层的楼梯拐弯处。因为学生在拐弯处最容易摔倒。一旦有学生摔倒，老师可以把他从人流中拉起来，不至于让别人踩到他。这样既避免了踩踏事故，也不至于堵塞生命通道。

那天，连怀孕的老师都按照学校平时的要求，没有一个先于学生逃走。唯一不合学校要求的是，几个男生护送着怀孕的老师一起下了楼。因为按照要求，老师必须在所有的学生撤离之后才能撤离。地震发生后，全校2000多名学生，100多名老师，从不同的教学楼和不同的教室有序地冲到操场，只用了1分36秒。

叶志平说："责任高于一切，成就源于付出，我们要对每一个学生负责，才能对得起人民，对得起自己的良心。"

正是叶志平对学生、对家长、对自己的工作有高度的责任感，这才在大地震中创造出了生命的奇迹。

04 责任成就强者

2008年由美国的次贷危机所引发的全球性金融风暴警示各国：不负责的经济行为将会给世界经济带来无法估计的灾难。美国总统奥巴马在就职演说中呼吁："这是一个要负责任的时代……"勇于承担责任会让你变成一个强者。有人就用汉语中的"众"字来解释责任和强者之间的关系：勇于承担责任的人居于人上，而逃避责任的人将永远屈居人下。面对责任，没有该与不该，只有要与不要。

关于"责任成就强者"这一点，美菱集团老板张巨声的经历就是极好的例子。1983年，张巨声来到当时以生产压力机为主、年销售额仅达百万的美菱工厂。当时厂里的，工作环境很艰苦，用张总的话来说就是"晴天土纷扬，雨天一锅浆"；不仅如此，工厂的资金也十分紧张，连汽车轮胎破了都没钱去补。这样一个烂摊子有谁想接呢？大家都躲得远远的，好多人没干多久就走了。在张巨声来美菱之前，这里已经6年缺厂长了，当时还有人预言，这个烂摊子会让他"直着进来，横着出去"。

结果证明，他们错了。张巨声是个勇于承担责任的人。他没有被困难吓倒，在责任心的引领下，他大刀阔斧地寻找新的出路——转产冰箱！张巨声不去理会各种阻力，而是全身心地投入到新领域中。为了节约资金，争取时间，充分调动全厂职工的积极性，他把冰箱的生产线划分为几十个部分，并根据时间和质量的要求，确立奖励标准，向全厂招标。仅用了几个月的时间，张巨声就带领大家建成了生产线6条，厂房5000平方米，还自制模具210套。张巨声的责任心和干劲感染了厂里每一位员工。人们不再跟过去一样，等着看他的笑话，而是自觉地投入到生产第一线中。经过几个月的奋斗，当第一台冰箱被运下生产线时，工人们无不欢呼雀跃，激动万分。

　　试想，有谁不为这一刻拍手叫好呢？有谁不钦佩张巨声这个知难而进的强者呢？张巨声坦言，正是出于对工厂全体员工的责任，他才鼓足勇气，带领大家一起接受挑战，使工厂日益强大起来。只有勇于承担责任，我们才能变得强大起来。

　　只有勇于承担责任，才会有克服种种困难的勇气，才会将自己磨炼成强者。

一只老虎攻击一对野牛母子，想吓跑母野牛，吃掉幼崽。幼崽紧紧地贴在母亲身边，害怕得直打哆嗦。母野牛没有被老虎吓倒，而是勇敢地保护幼崽，对幼崽寸步不离。不管老虎从哪个方位攻击，母野牛都迅速用身体护住孩子，用坚硬的双角抵挡老虎的进攻。僵持很久后，尽管野牛母子浑身是伤，但它们却丝毫都不示弱，老虎也终因体力不支而选择离开。是什么让母野牛拥有如此的神力和勇气，跟百兽之王抵抗到底呢？其实，很简单，是母亲对孩子的责任，对生命的责任！

　　正是有了责任，斐迪辟这位普通的古希腊士兵才能够坚持到生命的最后一刻，跑完马拉松的漫长路程；正是有了责任，一位年轻人才会跳进冰窟窿，抢救落水儿童，并用最后的力量将他举上岸；正是有了责任，警察才会不顾生命安危，用自己和歹徒交换人质；正是有了责任，国防战士才驻守在渺无人烟的孤岛、零下几十度的边疆雪域，无怨无悔；正是有了责任，古往今来无数的爱国志士，才会抛头颅、洒热血，抗击入侵之敌。

　　当然，强者并不是一定要成为人中龙凤。只要能勇于承担起自己应该承担的责任，他就是强者。五岁的汉克跟着爸爸、妈妈、哥哥到树林里干活，忽然下起了大雨，可是他们只有一个雨披。爸爸把雨披给了妈妈，妈妈给了哥哥，哥哥又给了汉克。汉克问："为什么你们自己不披，要一个推给一个呢？"爸爸说："因为爸爸、妈妈和哥哥都很强大，你最弱小。我们必须保护比自己弱小的人。"汉克环视四周，随后跑到一朵正在风雨中飘摇的娇弱小花前，把雨披撑开来挡在了上面。

　　雨披像接力棒一样，从爸爸的手里一直传到汉克的手中。其实，他们传递的并非仅仅是一个雨披，更是一份责任：爱护幼小，献出爱心。因此，我们无须强壮或富有，只要我们能够勇于承担对亲人、朋友的责任，我们就是真正的强者。

没有生命能不负任何责任，也没有生命能推卸和逃避自己的责任。在巨浪的冲击下坚守是堤坝的责任，在狂风暴雨中挺立是灯塔的责任，在急流大河之上凌空伫立是桥梁的责任，在丛林荒野间横卧是铁轨的责任。万物皆有其责任。

于人而言，只有勇于承担责任，才会有克服种种困难的勇气，才能成为生活的强者。

第五章
尽职尽责,缔造完美工作

像猎豹一样找准时机，主动承担富有挑战性的工作，你就可以使自己的能力得以充分的发挥和展示，你的能力也一定可以得到上司的认可。

——安得鲁·卡耐基

你必须尽职尽责地把一件事情做得尽可能完美，与其他有能力做这件事的人相比，如果你能做得更好，那么，你就永远不会失业。

——麦金莱

01 工作意味着责任

美国一所学校曾刊登有这样一则招聘广告:"工作很轻松,但要全心全意、尽职尽责。"

其实,不仅仅教师这个职业要求尽职尽责,其他任何一项工作也是这样。不管从事哪种职业,你都要尽力做好。因为工作本身也是一种责任。

石油大王洛克菲勒曾说过一句话:"如果你视工作为一种乐趣,人生就是天堂;如果你视工作为一种义务,人生就是地狱。"人的一生中,大部分的时间都用于工作。这并不是因为工作需要人,而是因为每个人都需要工作。从某种意义上来说,你的工作态度取决于你的人生态度,你的工作表现也是你的人生表现,而你的工作成就决定了你的人生成就。因此,如果你不想拿自己的人生当儿戏的话,那就勇敢地承担工作责任吧!

美国独立企业联盟主席杰克·法里斯13岁时,就在父母开设的一家不小的加油站帮忙。小杰克希望跟父亲学修车,可是父亲却让他到前台去招呼顾客。每当有汽车开进加油站时,小杰克都会跑到车门旁,车子停稳后,他就开始检查油量、蓄电池、传动带、胶皮管以及水箱等。慢慢地,他发现如果自己服务周到,大部分顾客还会再度光临。于是,他每次都尽量做好。

有一阵子,一位老夫人每周都会来这里洗车打蜡。她的车内地板凹陷非常深,极难清理;更糟糕的是,这位夫人要求极为苛刻,每次当小杰克为她准备好车时,老夫人都要再认真地检查一遍,叫他重新打扫,直到小杰克把每一缕棉绒清理干净,老夫人才算满意。终于有一天,小杰克忍无可忍,不想再为她服务了。这时,父亲告诫他说:"孩子,记住,这就是你的工作!不管客人说什么或者做什么,你都要做好自己的工作,还要有礼貌地对待客人。"这些话深深打动了小杰克,他说:"正是在加油站的工作,让我学到了恪守职业道德、礼貌对待客人的心态,这些东西在我日后的职业生涯中起到了至关重要的作用。"

就像小杰克父亲说的那样,当你在工作中遇到困难时,要时刻牢记这个就是自己的职业,不能忘记责任。工作需要责任,工作也意味着责任。

没有不用负责的工作,工作即意味着责任。

在现实生活中，没有不用负责任的工作。尤其，当你的职位越高、权力越大时，你需要承担的责任也就越多。所以，不要害怕承担责任，如果你希望自己成就一番事业，就必须要下定决心，相信自己能够承担一切责任。

有些人总以准备不足、条件不成熟为由推卸责任。事实上，当需要担负重大责任时，你立即接受，承担一切，这就是最好的准备；如果你没有办法做到这一点，就算是等到你准备好一切，也无法担负起这个责任，无法做好任何事情。

切忌以自己的职权之便来掩饰错误，从而让自己逃避应承担的责任。更为明智的做法是：主动承认错误，解释错误，道歉。最重要的是要展示出你承担责任的决心，吸取教训。

日常生活中，有些员工总是用"他们"，而非"我们"来指代自己的公司，比如说"他们业务部如何如何""他们财务部如何如何"，这些都是缺乏责任心的表现。每个员工都应该建立一种"我们就是整个机构"的认同感。

在当下这个时代，每个公司都希望员工勇于承担责任。美国塞文公司前董事长保罗·查来普曾说："我警告我们公司的员工，如果有谁推卸责任，又被我发现的话，我就立即将其解雇。因为这样的人肯定对公司没有丝毫热爱之情。就好像你站在那里，眼睁睁地看着一个喝醉酒的人坐进车子里去开车，或者让一个没有穿救生衣的两岁小孩独自在码头边上玩耍，这些都是我不能容忍的。你一定要跑去保护那个孩子才行。同样，只要关系到企业的利益，不管是不是你的责任，你都应该果断地承担。因为一个员工若想得到提升，那么公司的一切事情都是他的责任。你若想让老板相信你是个可塑之材，最好、最快的方法就是积极寻找并抓牢促进企业发展的机会，就算不关你的责任，你也要这么做。"

马丁曾经在一家大型广告公司工作。刚进公司时，他总是热情高涨，经常反复研究每个广告策划案，四处征求意见，每天都加班到很晚。凡是他负责的广告都起到了很好的宣传效果，客户对他赞不绝口，老板也十分看好他。

然而，工作久了，他开始感到疲倦。一天，他随意浏览了一下桌上的一份广告策划案，只是简单地提了些建议便提交了上去。这一天，他按时下班，轻轻松松地享受晚餐。他恍然大悟，其实，自己不需要太过努力，只要没有什么大问题就行。从此，他过上了轻松的日子，上班时间他要么是给女友打电话，要么就是上网浏览新闻，他暗自赞叹自己的生活真美好。然而，时隔不久，这家公司收益下滑，开始裁员。就在马丁考虑下班到哪里与女友约会之时，一封解雇信放在了他的桌上。

马丁的被解雇缘于他从未意识到自己所肩负的责任。他刚进公司时所取得的一点成绩，不是出于对工作的认真负责，而是出于新鲜感促使下的短暂热情。

工作本身就是一种责任。在领导看来，每位员工都应该尽职尽责。也只有主动对自己的行为负责，对公司、领导、客户负责的人才是公司需要的员工。

02 你是在为自己工作

在工作中，许多人的共识是：我在为他人打工，我在为老板工作。这些人对待工作敷衍了事。他们认为，工作只是让自己和老板形成了一种雇佣关系。自己做什么，做得是好是坏，对自己并没有什么影响。其实，这些人没有意识到，虽然是老板雇了你，但是你在工作中获得了自己生存和发展所必需的物质。而且，工作还带给你满足感和成就感，你在工作中学到的东西越来越多，能力越来越高，因此才能一步步地实现自己的人生价值。而这些比薪水更为重要。所以，从某种意义上来讲，你工作是为了自己。

如果你认为工作只是一种生存的手段，你不得不为他人工作，那么你一生都会是工作的奴隶；如果你站在事业的高度对待你的工作，认为你是为自己工作，那么你就会走上成功之路。

看一看齐瓦勃的成长经历，相信他的故事会对你有所启发。

齐瓦勃出生在美国的一个小乡村，因为家境贫寒，所以他接受学校教育的时间并不长。15岁那年，为了生存，他不得不到一个山村当马夫。但是，他不想一辈子都待在那里。3年后，齐瓦勃离开了山村，来到钢铁大王卡内基的一个建筑工地，开始在这里打工。从工作的第一天开始，齐瓦勃就决心成为这里最出色的员工。工地上很多人因为工作累、薪水低而消极怠工。不过，齐瓦勃工作起来却是全力以赴。此外，他还在工作之余坚持自学。

一天晚上，同伴们吃完晚饭后又聚在一起聊天，唯有齐瓦勃躲在角落里默默地看书。经理来到工地检查工作时，看见了正在读书的齐瓦勃，感觉有些吃惊。他翻了翻齐瓦勃的书和笔记本，并没有说什么。第二天，经理把他叫到办公室，问他："你为什么要学那些知识呢？"齐瓦勃回答道："我认为公司里缺少的不是打工者，而是掌握专业知识的技术人员和有管理经验的管理人员，所以我才学习这些知识。"经理赞赏地点了点头。

之后，齐瓦勃被提升为技师。在打工者中，有人开始讽刺、挖苦他。不过，齐瓦勃并未放在心上，他说："我不仅是在为老板工作，也

你是在为自己工作，你付出多少就会有多少回报。

是在为自己工作。我是在为自己的梦想工作，为自己的光明前途工作。为了实现梦想，我必须在工作中提升自己的能力，使自己所创造的效益，远远大于所得的薪水。只有这样，我才会得到老板的器重，才能获得发展的机遇！"在这种信念的支持下，齐瓦勃一步步成了建筑工地上的总工程师，并在自己25岁的时候成为总经理。

琼斯是卡内基的合伙人。当他为公司筹建最大的布拉德钢铁厂时，齐瓦勃进入到他的视野中。他发现齐瓦勃的管理才能出众，而且有永不停歇的工作热情。齐瓦勃当时已经是总经理了，但他每天都是最早来到建筑工地的人。琼斯问他为什么要这样做，他回答道："万一有紧急情况发生，我可以迅速站出来解决问题，就不会耽误任何事情。"布拉德钢铁厂建好后，琼斯提拔齐瓦勃做自己的副手，负责钢铁厂的事务。

两年后，琼斯在一次意外中去世。齐瓦勃便成了布拉德钢铁厂的厂长。在齐瓦勃的打理下，布拉德钢铁厂发展成为卡内基钢铁公司的坚强后盾。因此，卡内基才有恃无恐地说："我可以在任何时候占领市场，市场是我的，只要我想拥有它。因为我生产出来的钢材质优价廉。"齐瓦勃凭着自己出色的表现，在几年后就被任命为卡内基钢铁公司的董事长。

在齐瓦勃成为董事长的第七年，摩根想与卡内基合作，一起经营钢铁公司。最初，卡内基并没有将摩根的建议放在心上。摩根见卡内基不以为然，于是做出和贝斯列赫姆钢铁公司合作的姿态。卡内基开始意识到事态的严重性了。因为摩根控制着铁路系统，贝斯列赫姆钢铁公司是美国第二大钢铁公司。如果二者联合，卡内基钢铁公司的发展会受到极大的威胁。

一天，卡内基交给齐瓦勃一沓资料，说："熟读这些资料，然后去和摩根谈联合的计划。"齐瓦勃接过清单后仔细地看了一下，说："你是公司的负责人，拥有最终的决定权。但是，我认为如果以这样的条件去和摩根谈判，他会非常乐意接受，而你会损失一大笔钱。"原来，齐瓦勃早在卡内基做出联合的决定之前就分析透了摩根和贝斯列赫姆钢铁公司的情况。在齐瓦勃的点拨下，卡内基发现自己真的高估了摩根的实力。

齐瓦勃代表卡内基前去和摩根谈判，最终取得了具有绝对优势的联合条件。摩根的心里并不乐意，于是说："明天请卡内基来我的办公室签字吧。"第二天，齐瓦勃一早赶到摩根的办公室，向他转述卡内基的话："从这里到华尔街的距离，与从华尔街到这里的距离是一样的。"摩根沉思了片刻，说："好吧，我过去！"摩根还从来没有这样屈就过。但是，这次他面对为工作尽职尽责、全力以赴的齐瓦勃，不得不低下了高傲的头颅。

后来，齐瓦勃离开了卡内基钢铁公司，自己创立了伯利恒钢铁公司，并一步步将其做大做强。在齐瓦勃看来，不管是在卡内基钢铁公司打工，还是自己开办公司，他一直都是在为自己工作，为自己的梦想工作。在这种信念的支持下，他最终实现了自己的梦想。

其实，工作给予你的，远比你为它付出的多。如果你将工作视为学习和成长的机会，那么，每一项工作都蕴藏着许多这样的机会。你会在工作中得到宝贵的经验和锻炼，以及一种自我满足感，而这些比金钱更有价值。当然，这是在你尽职尽责、全力以赴地工作之后才能获得的。尽快放弃那种为薪水、为老板工作的念头吧，这种念头会让你止步不前。请记住：你是在为自己工作。

03 让问题到此为止

美国总统杜鲁门的办公桌上有个牌子，上面写着"Bucket stop here"。"Bucket"原意为"水桶"，因为在美国西部开发中，人们运水的时候只能依靠水桶，所以"水桶"有一个引申义，就是"问题""麻烦"。因此，这句话的中文意思是"问题到此为止"，也就是说"自己承担责任，不把问题推给他人"。

杜鲁门用"问题到此为止"来时刻提醒自己，要勇于承担责任。作为职场中的一员，我们也应该做到"让问题到此为止"：只要出现问题，就要主动承担责任，把问题解决掉，坚决不能把问题推给他人，也不能斤斤计较，经过一番讨价还价后再去解决问题。此外，我们不能仅着眼于自己分内的事，只要于公司有利，即使是分外的事，我们也应该主动地、不计回报地去做。一个成功的商人说："职员必须停止把问题推给别人，应该学会运用自己的意志力和责任感，着手处理这些问题，真正承担起自己的责任来。"

所以说，"问题到此为止"表现出来的是一种责任，一种不找借口逃避问题的高贵品质。不过，并不是每个人都有说这句话的勇气，更不是每个人都能做到让"问题到此为止"。因为在解决问题的过程中，需要处理的事情非常多。你可能会遇到各种阻力，需要化解多方面的矛盾，甚至需要承受很多委屈。正是出于这些方面的考虑，很多人在面对问题时都相互"踢足球"，能推就推，能躲就躲，反正不能让问题找到自己。这种做法不能让我们在职场上有更大的作为。优秀的员工一定是最能解决问题的员工。如果你不能解决问题，反而挑肥拣瘦，这样下去，你一定得不到老板的信任，工作能力也不会有更大的提高，甚至会被职场淘汰。优秀的员工绝不会推卸责任，而是在任何时候都把公司的问题当成自己的问题，并迅速地解决问题，让自己成为问题的终结者。

在一次订单采集员的座谈会上，一位订单采集员正在抱怨："由于一位客户的联系电话出现了故障，我无法及时联系到他。于是，这位心急的客户拨打了分公司配送部的电话。配送部接电话的工作人员又让这位客户拨打客户服务部的电话。客户服务部的工作人员又让他拨打片区客户经理的联系电话。而这位客户经理却又让客户拨打订单采集员的联系电话。由于已经快到了工作流程的收尾阶段，而且这种紧俏商品数量有限，已经销售完毕，所以根本无法满足这位客户的需要。这引起了客户的强烈不满，他不仅抱怨我、投诉我，而且还愤愤地说以后再也不买我们公司的产品了。"在这件事中，导致这种结局的人是谁？是订单采集员吗？不，是包括配送部、客户服务部以及客户经理在内的所有人员。他们都把问题往下一个环节推，既耽误了处理问题的时间，又让客户产生不满。虽然受到批评的是采集员一人，但实际利益受损失的是公司。我们不要把问题推给他人，也不要让问题在自己这里变得更大。我们要养成对自己负责、对工作负责、对公司负责的良好习惯，做到让问题到自己为止，成功地解决问题。

作为公司的一名员工，我们必须做到勇于承担责任，相信责任是"天将降大任于斯人"的一种方式，是对我们的锻炼和考验，也是成功的机遇。不管是哪家公司的老板都喜欢雇佣这种勇于承担责任的员工，并会对他委以重任，给他更大的发展空间。这样的员工一定会前途无量，在服务于公司发展的同时，也实现了个人人生价值。

"让问题到此为止"就是要勇于面对问题而不是逃避问题。我们必须明白一点，回避并不能使问题得到解决，相反，问题会在拖延之中变得更加严重，就像滚雪球一样，越来越大。要增加面对问题的勇气，就要适当地给自己树立信心。所以，在每次面临问题时，要大声地对自己说："我能行！"然后全力以赴地去解决问题。时间一长，你就会成为勇于面对问题、敢于承担责任的人。积极面对、勇于行动才是解决问题的最佳途径。

王明和李晨在同一家公司做业务员。有一位半年前就采购了公司10

不要让问题拖延下去，要学会让问题"到此为止"。

万元产品的大客户，总是找借口不肯支付货款。公司先派王明去讨账。大客户见到王明后一脸的不悦，找借口说产品销量不好，让他过段时间再来。

王明心里明白客户是在故意拖延，可转念一想，他又不是欠我的钱，跟我无关，于是扭头返回公司。领导见他没办成，就又派李晨去要账。大客户见到这家公司又有人来要账，便破口大骂，埋怨公司不信任他，合作没法进一步开展了。没想到李晨并没有被吓倒，反而想方设法与客户周旋。客户自知耗不过他，只得同意给钱，便开了张10万元的现金支票给他。

李晨拿着支票高高兴兴地去银行取钱，结果被告知账上只有99920元。原来，这个客户给的支票根本无法兑现，他又耍了花招。此时正值年底，第二天公司就放假了，如果再拿不到钱，不知道又得等到什么时候。一般人遇到这样的情况，通常会退回支票，打道回府。但李晨却想着一定要完成任务。他自己掏出一百元钱，存到这个账户中去，这样就凑够金额，可以将支票兑现了。

试想，如果李晨像王明一样没有责任心，遇到困难不去想方设法解决，而是知难而退，那他就绝不会讨回欠款。

当一个人不是全力解决问题，而是全力推卸责任的时候，我们不仅有理由怀疑他不是一个尽职尽责的人，更有理由质疑他的工作能力。因为一个有责任心、有能力的人绝不会找借口为自己开脱。他的责任感迟早都会让他在公司中脱颖而出，谁相信一个有卓越的解决问题能力的员工会永远平凡呢？

让我们郑重地承诺：

1. 我是100%的责任承担者。

2. 我是自己的主人。

3. 我是问题的源头。

4. 问题到我为止。

04 学会质疑和改进自己的工作

在职场中，这样的人并不在少数，他们满足于自己的工作现状，习惯于上司吩咐什么就做什么；他们既不学习，也不想办法从一个客观的角度评价自己的工作成果。在他们看来，只要完成上司布置的任务就可以了，即使出现了问题，也和自己无关。实际上，这是一种严重不负责任的表现。时间一长，这种行为就会让人变得懒惰起来，让人的思想失去活力和创新力。这样的人只会机械地工作，不能真正了解工作，也不能出色地完成工作。所以，这样的人迟早会被职场淘汰。

其实，真正负责任的员工是敢于质疑自己工作的员工。当然，我们应该学会的是从公司的角度质疑自己的工作，而不是以私人的理由推诿工作。社会竞争这么激烈，公司和个人都要承受巨大的压力。员工只有在质疑工作的基础上才能改进工作，避免出现错误，从而出色地完成工作任务。所以说，质疑自己的工作是完善自己工作的前提。公司也会因为你对工作的质疑而减少不必要的损失，更快地向前发展。员工从中获得的是经验的积累，能力的提高，以及更为广阔的发展前景。可以说，从公司的角度质疑自己的工作可以实现双赢。

在通用汽车公司的一次项目会议上，总经理让各部门经理谈谈自己对工作的看法。有一个部门经理站起来，很诚恳地说："我觉得公司的工作流程出现了一些问题。请大家想一想，在近两年的时间中，我们每个部门接到的项目都有上百个。但是，我们真正完成的，并给公司带来经济效益的有几个呢？我们在很多项目上投入了大量人力、物力和财力后，才发现项目没有任何实际意义，所以只能不了了之。长此以往，公司大量的资源和资金就都被浪费掉了。投入而没有产出，这对公司发展极为不利。我们为什么不精选一些有市场意义的项目呢？项目不必太多，但必须能见到效益。这样不更有利于公司的发展吗？"

这位经理对工作的质疑和分析引起了大家的重视。尤其是公司的上层，开始检讨自己的工作方式。通过上下沟通，公司重新制定发展目标及战略规划。从此以后，那些既浪费钱又没有任何实际意义的项目就逐渐被废止了。公司节省了不少开支，前进的步伐因而加快了。只有敢于质疑自己的工作，才能改进工作中出现的问题。

杰奎琳在一家电子公司的研发部工作。在工作中，她不是按部就班地完成自己的工作任务，而是经常寻找工作中出现的漏洞，并思索出现的原因，是自己工作能力的问题，还是公司在管理上出现了失误。如果是前者，她会反省自己；如果是后者，她会向上司提出疑问。虽然她的疑问为上司带去了不少麻烦，但是她这种负责任的做法也为公司减少了许多不必要的损失。

有一次，公司高层制订了一个新的发展计划，准备研发一种新型胶印机械。当杰奎琳接到研发的任务时，她对所要开发的产品产生了怀疑。在她看来，公司在启动这个项目时并没有进行充分的调研。根据她掌握的资料和信息分析，这样的产品研发周期比较长，而且产品开发出来时间不长，可能就会遭到淘汰。她将自己的想法形成文字，并附上详细资料和周密的论证，然后提交给上司。由于她的质疑，公司高层重新召开研讨会，谨慎而仔细地审查项目的可行性，最后得出了与杰奎琳相同的结论。公司放弃了这个项目，并重重奖赏了她。

尽职尽责，是负责的基本要求。一名员工，无论从事什么工作都应该尽职尽责，尽自己的最大努力去争取进步。把尽职尽责融入自己的本职工作中，追求尽善尽美，你才能得到社会的认可，得到老板的青睐。

众所周知，唐骏是当今IT（信息技术）界的"金领"。他刚进入微软公司时，只是一名普通的程序员，千万员工中的一员。

公司当时正在开发Windows软件，做好英文版之后，一个由三百多人组成的团队开始开发其他语言版本。中文版进行得并不顺利。因为许多代码需要重新改写，并不是仅仅需要翻译这么简单。例如在Word程序

只有不断改进自己的人才会平步青云。

中，一行字结束后会自动换行，单字节的英文和双字节的中文在排版上区别很大。比如"好"字，按英文的排版方式，可能左半部分的"女"在头一行末，而"子"就到了下一行开头。为此，50个人经过大半年的不懈努力才改出满意的中文版。所以，中文版Windows比英文版问世晚了九个月。

埋头苦干了10个月之后，唐骏越发觉得不对劲。他想，常年雇这么多人做新版本，不仅成本高，而且效率低，能不能找到其他的解决办法？唐骏开始琢磨新办法。半年间，他写出了几万行的程序代码，经过反复运行，证明经得起检验，于是他找到了老板。此后，公司花了三个月时间进行认证，确认通过。就这样，300人的团队缩减为50人。唐骏凭借这次的突出业绩以及精益求精的工作精神，得到了提升，随后，他一步步做到了微软（中国）总裁的位置，获得了极其珍贵的"比尔·盖茨终生成就奖"。

唐骏的成功就在于他秉着对工作、对公司负责的精神，敢于质疑自己的工作，并积极改进自己的工作。

不敢质疑自己工作的人都是职场中谨小慎微的人，这些人只想保住自己当下拥有的一切。他们只要能按部就班地工作就很满足了，从不想打破工作的秩序，也不会尝试新方法，更不愿意接受那些自己从来没有做过的工作。当然，他们这样做，会在工作中很少出错。但是，仅做到不犯错误，是不能成为一名优秀员工的，也不是对工作尽职尽责的员工。优秀的员工一定是勇于质疑自己工作的员工。

05 细节体现责任，做好每一件小事

勇于承担责任的人才能做成大事。但是，要培养自己的责任感，就不能只把眼光放在大事上面。因为许多"大事"都是由微不足道的"小事"组成的，正所谓，一滴水可以折射出整个太阳的光辉。只有时时刻刻对"小事"重视和负责的人，才能做成大事。

全球目前有多家大型迪士尼乐园，其中，分布在美国佛州和加州的两家都有着悠久的历史，并创造了很好的业绩。不过其中最成功的要数日本东京的迪士尼了，其最高纪录是年接待量1700万人次。让我们来看看他们是如何做到的。

在这里，就连扫地的员工都要经过严格的培训。扫地的工具有三种：一种是用来刮纸屑的，一种是用来扒树叶的，还有一种是用来清灰尘的。培训课上，老师会专门示范这三种工具的用法：怎样使用刮纸屑的工具，才能把纸屑刮得一干二净；怎样使用扒树叶的工具，才不会让树叶乱跑；怎样使用清灰的工具，才不会让灰尘满天飞。

这里的每位员工还要接受照相培训，学习全世界各种品牌数码相机的拍照技术。因为游客可能会带最新的相机来这里度蜜月、旅行。如果游客请员工帮忙照相，而员工不会使用新款照相机的话，就不能让游客满意。

除此之外，东京迪士尼还对员工进行抱小孩、包尿布的培训。因为游客可能会需要员工帮忙照看一下小孩，若是员工不会抱小孩，动作不

规范，那么不仅无法为游客提供帮助，甚至还会给游客带来麻烦。有些妈妈换尿布时，不愿意让陌生人抱自己的小孩，这时就需要工作人员帮小宝宝们换尿布。

东京迪士尼正是在对这些点滴小事的培训中，让员工们体会到了责任的重要，因而员工们在工作中，更加用心地为游客服务，让游客得到最大的快乐。由此，日本东京的迪士尼才名扬天下。

《道德经》中有这样一句话："图难于易，为大于细。天下难事，必作于易；天下大事，必作于细。"这就是说，要解决问题，需从简易处入手；成就大事，需从小处着眼。天下看似困难的事情，无一不是从容易的地方开始做起；而做成大事，又无一例外地是从细微的事开始做起。刘翔的世界冠军不是天上掉下来的，那是他对每一个动作的反复分析、日复一日的训练、一秒一秒提高的结果；李嘉诚的财富不是与生俱来的，那是一个个生意累积而得的！我们不能因为事情细小，就采取敷衍的态度，因为任何一件小事，都可能会成就一番事业，也可能会毁掉一番事业。而成功与失败的关键就取决于你在细微小事上的态度。

阿基勃特刚进入美国标准石油公司时只是一名小职员。出于一种对公司的责任感，他认为自己有义务为公司做宣传。于是，每次出差住旅馆时，他都会在自己签名的下方写上"标准石油每桶4美元"。即使在书信中和收据上，他也这样做，一定要在签名的下方写上"标准石油每桶4美元"几个字。时间一长，同事们都叫他"每桶4美元"，反而没有人记得他的真名了。

后来，这件事传到了公司董事长洛克菲勒先生的耳朵里，他好奇地想:"竟会有如此不遗余力宣传自己公司的职员,我必须要见见他。"于是,他邀请阿基勃特与他一起吃饭。再后来,洛克菲勒先生退休,阿基勃特接替了他的位置。

签名的时候,在名字下面写上"标准石油每桶4美元"几个字,严格说来,这只是一件小事,而且也不在阿基勃特的工作范围之内。虽然他为此遭到过很多人的嘲笑和讽刺,但是,阿基勃特一直坚持着,从没有倦怠。讽刺他的那些人中,肯定有很多人的才华和能力都远在他之上,可是最后只有他成了董事长。

有很多人认为小事无关紧要,根本不值得在乎,因此为自己的工作埋下了隐患。林华曾在一家营销策划公司上班。当时,一位朋友找到

在小事上全力以赴,才能出色完成工作任务,最终实现自己的人生价值。

他，说："我们公司要做一次市场调研，规模不大，比较容易做。我们俩有足够的能力完成，你去承接业务，并把关最后的市场调查报告，我来整体运作。最后，你能得到一笔收入。"这项业务确实比较小，没什么大的问题和困难。林华看到朋友做好的市场报告后，发现报告并不完美，有多处瑕疵。不过，林华想，一项小业务而已，何必那么认真呢！于是他略加改动就将市场报告交了上去，结果被发现诸多纰漏。

几年后，林华和几位朋友组成了一个项目小组，承接了一个大项目：为北京新开业的一家大型商场做一份整体营销策划方案。没想到的是，商城的业务主管坚决不同意林华参加项目小组，理由是他对小事不认真，恐怕会误大事。原来，那个业务主管就是当年的那个小型市场调研项目的委托人。林华的发展道路之所以不顺畅，就是因为他在小事上缺失了责任感。

我们生命中的每一件大事都是由小事积累而成的，不累积小事，就无法成就大事。忽视小事的人，是无法真正承担起责任的人，也是无法走向成功的人。所以，我们必须重视那些无足轻重的小事。

06 在工作中要有敬业精神

敬业体现了对自己所负责的工作精益求精的精神，敬业体现了对自己热爱的事业执着探索的精神，敬业体现了为事业而奉献的可贵精神。要做到尽职尽责，就必须要敬业。

敬业就是对工作精益求精，尽职尽责。

第六章
不要推卸责任

人可以不伟大，但不可以没有责任心。

——比尔·盖茨

责任心对每个人来说都很重要，一个人没有责任心，又想做好事情是不可能的。

——沈文荣

01 不要说你不知道

当工作任务没有完成时，我们经常听到这样的说法："我不知道事情怎么会这样""我想尽了办法，可还是不知道怎样才好""我并不知情""都是别人出的主意，我不知道他们的初衷"……也许事实确实如此，你没有直接责任，但是你的态度有问题，这种典型的不负责任的态度本身就是错误的。在公司里，无论你身处哪个部门，各个部门之间都会有这样或那样的联系，所以当问题出现时，我们应该做的就是想办法去解决它，而不是用各种借口让自己置身事外，用一句"我并不知情"来逃避责任。

有一家公司的领导们总是这样对员工说："我们要清楚自身的缺点，并努力改正。"如此简单的一句话，彰显了他们勇于面对缺点、改变现状的决心和责任心。正是这句简单的话让员工意识到自身的劣势，从而更加努力，为公司的发展壮大而努力奋斗。

责任是每个人都无法逃避的。如果你一遇到困难，便寻找各种借口来推脱责任，如果事情办砸了，你便以"我并不知情"为理由来为自己开脱，那么你就在自己的发展道路上埋下了"祸根"。

20世纪末，美国德州瓦柯镇发生了震惊全世界的邪教徒集体自杀事件。在瓦柯镇的大本营内，不仅有多名邪教徒自杀，还有二十多位邪教徒毒害了自己的亲生骨肉！另外，10名负责调查本案的联邦调查局探员也惨遭毒手。众议院的许多议员义愤填膺，认为美国司法部部长珍纳·李诺应该为这起惨剧负责。

面对众多指责,部长珍纳回应道:"各位议员,对于这起事件,尤其是孩子们的惨遭毒手,我深感痛惜。我的悲痛,你们是无法想象的。对于那些孩子和探员的死,我的确难辞其咎。然而,我认为我们现在要做的并不是互相指责。"很显然,她没有选择推卸责任,而是选择接受惩罚,一人硬担起所有的骂名和责任。珍纳的这一行为深深折服了美国的众议员们,也使得媒体纷纷对她表示钦佩。她勇于承担责任的态度,大大减弱了那些原本会给政府带来灾难性后果的指责,另外,那些原本对政府打压邪教持怀疑态度的民众也加入到大力支持政府的行列中来。

事实上,当问题出现时,只有少数人会像珍纳一样挺身而出,承担

当出现问题时,不要推脱说"不知道"。

责任。大多数情况下，人们都会选择逃避，尤其是公司里的员工们。他们往往会装作不知道任务和责任的存在，当出现问题时，便立即推脱责任，用自己并不知情来进行辩解，或者是推卸自己本应承担的责任。在他们看来，只有这样才能远离降级、扣罚薪金甚至是被辞退的后果；只有尽力避免承担责任，才能保持原有状态，继续过着有保障的生活。但众多事实告诉我们，这种想法是错误的。

作为一家家具销售公司的部门经理，麦克听到一个小道消息：公司高层决定派他所在的部门去外地处理一件很棘手的业务。他深知这项业务难度巨大，几乎不可能完成，思前想后，他决定以生病为由，提前一天请假。第二天领导安排任务时，他刚好不在。领导就直接把任务交给了麦克的助手，并叮嘱他立即向麦克转达。助手迅速拨通电话向他汇报情况，他便借口自己身体不舒服，给助手交代了处理这项事务的具体方法，让助手代替自己去解决。就这样，麦克轻松地逃过了这项业务。

半个月后，不出所料，这项业务结果很糟。此时，麦克怕高层追究自己的责任，立刻拿出请假记录，谎称自己当时卧病在家，并未参与处理这件事，一切都是由助手一人操办的。在他看来，助手就是替罪羊，一旦出事，就应该让助手来背黑锅，使得自己在公司高层面前有回旋的余地。如果没有助手的顶替，而是自己承担责任，结果就很可能是被降职罚薪，甚至被辞退。然而，事实总有真相大白的那一天。麦克没能瞒住高层，最终还是落得被辞退的下场。

古语有云，"不知者无罪""不知者不为过"。总有些人在问题出现后，会推脱道："我没有责任，因为我真的什么也不知道。"退一步讲，或许你真不知情，但是你忘记了中国还有一句俗语叫"在其位谋其政"，"不知道"这个理由本身已经是一种失职。

我们认真想想就会发现，"我不知道"这样的说法，暴露的是我们自身责任感的缺乏。而工作中出现相互推诿、抱怨、拖延、执行力度不够等问题也正是责任心缺乏的表现。在许多人看来，一句"我不知情"似乎可以让自己免遭批评或处罚。很明显，这是摆脱责任的想法。每个人都应该抛开这种自己不知情的借口，去做一个勇于承担责任的人。

02 不要不做任何决定

迪士尼将一首古老的歌谣改编为一个故事。一天，高菲问丽莎："亲爱的丽莎，我们的水桶漏了，怎么办呢？"丽莎回答说："哦，高菲，那你就去把它补好吧。"高菲立即问道："可是，我用什么材料来补呢？我的确不知道应该用什么来补水桶。"丽莎没想到高菲会选择不假思索地提问而不是自己去想办法解决，但她还是耐心地回答道："哦，那就用稻草吧。"这时，高菲还是一脸疑惑："可是稻草太长了。"丽莎只好再次给她提示，告诉她该如何去做，然而高菲依然问题不断。丽莎总结道，先提些水来，弄湿石头，把刀磨光，再去斩断太长的稻草，用长短适中的稻草去修水桶。高菲再次提问，该如何取水。丽莎耐着性子回答用水桶。可这时，高菲大叫："大事不好，丽莎，我的水桶破了个洞！"于是，高菲的问题又回到了原点。

故事里高菲的做法，跟现代社会中一些员工的行为不谋而合。他们有一点是相同的，那就是害怕承担责任，这些人对于所有的事情都不加思考，只是等待上司教给自己解决的办法。因此，像高菲一样，他们只是在做一个没有思索能力的木偶，凡事都请教上司。

来看一个现实社会中的例子。小伟毕业于一所名牌大学，之后他应聘到一家文化公司做编辑。小伟做事小心翼翼，总是担心自己能力和经验不够，怕自己做错事情会给上司添麻烦，甚至给公司带来损失，于是，他凡事都要去征求上司的意见。有一天，经理给他和他的上司15天的时间，让他们汇编一本教育图书。小伟照旧事事请教，结果惹烦了上司，挨了顿训。恰巧，第二天上司有事请假三天，这时他便像个无头苍蝇一样，工作上寸步难行，每天对着资料发呆。这些情景，都被经理看在眼里。由于小伟总是拖延时间，不能按时完成任务，于是经理很快将他解雇了。

员工最大的错误就是害怕犯错后去承担责任。于是，许多员工自以为聪明，采取了不做任何决定的办法。事实上，这种做法本身并不正确，因为它的前提就错了：不做决定就不会犯错，不犯错自然也不用去承担责任。

那些选择逃避、推卸责任，不做任何决定的人通常会有以下几种表现：

第一，找各种理由拖延时间，等别人做决定。

不要因害怕背负责任而不发表任何意见。

第二，找别人替自己做决定，充当自己的替罪羊，自己只需按他人的决定行事。这样一来，即使出了问题，自己也好推卸责任。

第三，无论事情大小，一律向上司请教，让上司做决定，出了事情，就由上司来承担。

第四，自己只做没有任何风险，不会出现问题的决定。这样，自己就无须承担责任。不过由于这种决定过于完美，在现实中通常难以实施，所以往往会被否决，这样一来，自己也不会去负什么责任了。

某些员工之所以不愿做决定，是因为他们不知道最终的结果会怎样，无法预料结果是好是坏。如果结果是好的，那么对自己会有好处；如果结果不好，那自己就要去承担责任，损失自己的利益。为了避免后者，这类人才不做任何决定。由此可以看出，这种人内心充满了自私和恐惧。

通常，这种害怕承担责任而不做任何决定的人，不会将工作看成一项伟大而崇高的事业，而是把工作当成谋生的手段。这样的员工做事时，会以自己的利益为出发点，而不顾及公司的利益，最终，会影响到公司的健康发展。

要想培养自己成为一个勇于做决定的人，首先应该改变心态，培养自己勇于承担责任的意识，然后在小事上开始锻炼自己。这样刻意培养一段时间后，你就会改掉犹豫不决的坏毛病。

一般来说，这种练习应该从生活中开始。例如，不要对于该去散步还是该留在家中犹豫不决，而是应该立刻做出决定，采取行动；不要前思后想该吃羊排还是牛排，应该立刻做出选择。因为无论如何，你都必须做出决定，犹豫对于问题的解决没有任何作用。当有人问你想要面条还是米饭时，不要不负责任地说"都行"，而是应该迅速做出选择；假设有三部电影供你选择，最好凭第一感觉做出选择，即使这场电影不能让你满意，也比你犹豫很久、举棋不定要强许多。

工作中，你要刻意锻炼自己，让自己在短时间内做决定。不要害怕会出现错误，不要担心会被老板责罚。每个人都会犯错，只要你有较高的平均成功率就可以了。

只要你能坚持下去，就会收获颇丰，在将来的工作中，做决定的成功率也会日益上升。这样一来，你就会信心十足地把责任意识根植于心中。

03 不要置身事外

公司的每个成员都应该把公司这个集体当成自己的家。在工作中，即使碰到不是自己职责范围内的事，也应该积极参与，设身处地主动为公司出谋划策，而不是两手一摊，置身事外。有些事情即使领导没有明确指出由自己负责，在力所能及的时候也应该将它们当成自己责任范围之内的事情，认真处理。这样才是一名出色的员工。

有这样一个故事，克杜拉在一家大公司做质检员，一天，他随手翻阅一本正在编写的公司宣传资料，发觉资料的内容枯燥乏味，没有文采，简直让人读不下去。平时喜爱文学创作的克杜拉觉得自己有责任参与到宣传资料的编写中，此后每天下班他都会积极投入到宣传材料的创作中。几天后，一本上万字的宣传资料完成了，克杜拉把自己创作的小册子送给负责编写宣传资料的宣传员，并请他参考。

宣传员翻开小册子后，读得津津有味。看到克杜拉编写的这本资料内容翔实、文采飞扬，远远胜过自己的作品，他便决定用它代替自己做的材料上交给总经理。

总经理拿到宣传作品后，仔细地翻了又翻，第二天将宣传员叫到自己办公室。

总经理问："这次的宣传资料不是你做的，对吗？"

"是……的，不是……我……"宣传员结结巴巴回答道。

"那么，这是谁写的？"总经理继续问道。

宣传员如实回答道："是我们车间的质检员克杜拉。"

"哦，"总经理点了点头，"让他到我办公室来一趟。"

不一会儿，质检员走了进来。

"你是质检员，对吗？"

克杜拉点点头。

"你怎么想到把宣传资料做成这样？"

"我……"质检员停顿了一下，"我觉得这样做，既能更好地对内部员工开展宣传，灌输我们的企业文化、理念和管理制度，又有利于我们对外扩大企业的声誉，加强我们的品牌形象，促进产品的销售。"

总经理微微一笑："很好，我很喜欢。"

几天后，克杜拉就接到通知，他被调至宣传科做科长，负责企业的对外宣传工作。接下来的一年时间里，他又因为工作出色，被调到总经理办公室做助理。

在工作中，只要是关系到公司的利益的事情，我们每个人都不应该袖手旁观。处理那些我们职责之外的事务，虽然会占用我们宝贵的时间，但是这种行为会为我们自己，也会为公司赢得很好的声誉。

随着社会的发展、公司的成长，每位员工的责任范围也在不断扩大。不要拿"这不是我分内的事""这与我无关"等理由来推卸责任，逃避问题。当我们遇到额外的工作时，应该将其当成一个机遇。

有学者曾经研究过为何机会来临时，我们常常无法辨认。他认为，机会总是以我们责任范围外的形式，装扮成"问题"的样子，来到我们身边。我们若是以主动参与的姿态，积极面对，热心解决，那么我们往往就能够抓住机遇。

艾迪现在已是一家五金供销公司的总裁。他刚踏入社会时，在一家五金店当营业员。

有一天，一位顾客来店里买了很多货物，有水桶、箩筐、盘子、铲子、钳子、马鞍等。原来过几天他就要结婚了，按照当地习俗，新郎新娘要提前购置这些生活用品和劳动工具。那位顾客把货物堆放在车上，他买的货物实在太多了，装了满满一车，连拉车的骡子也显得有些吃力。不巧的是，这一天刚好赶上送货员休假，尽管帮顾客送货不是艾迪的职责，但他主动提出帮顾客送货到家。

送货路上，一开始艾迪很顺利。不久，车轮就陷到泥潭中，任凭艾迪怎么推，车子都纹丝不动。这时，路边一位好心的小伙子跑来帮忙，两人把车子推了出来。终于，艾迪将满车货物安全送到顾客家中，顾客清点完数目后，艾迪才返回商店。他回到店里时，天已经很晚了。老板看到艾迪这么热情、有责任心，对他赞赏有加。在进一步的接触中，老板发现艾迪的确是个人才，因此便把他介绍给了一个在五金公司做老总的朋友。此后，艾迪的待遇很快就得到了提升，年薪一跃涨到20万美元。经过努力奋斗，艾迪终于在五金行业中出人头地。

身为公司一员，只要是跟公司相关的事情，我们都应该责无旁贷地去解决，而不是以超出自己职责范围为由，袖手旁观。对于公司的任何事情，每个员工都应该积极主动地去做，为公司的发展考虑。认真负责的信念，会让你成为一名优秀的员工。

身为货运管理员的你，可能会在发货清单上发现一个与自己无关但关系到公司切身利益的错误；身为检斤员的你，可能会发现并迅速纠正一个计量错误，避免公司遭受损失；身为邮递员的你，除了确保信件的准时到达外，可能要做一些超出自己职责范围的事情——或许属于专业技术人员的工作，可是一旦你做了，就相当于为自己的事业种下了一颗成功的种子。

众所周知，有付出才会有回报。或许你整日感叹自己只有付出，却没看到回报。那么，请不要放弃，要像过去那样继续主动付出。这样坚持下去，总有一天，你会发现，回报会超乎你的想象。通常，工作上的回报多是来自老板或上司的提拔和加薪，此外，回报也会来自他人或是以间接的方式出现。

遇到问题应努力寻找解决办法，而不是逃跑。

以下的例子便是很好的证明。一个周六的下午，一位电影导演急需一名打字员，可是大家都去看足球赛了。正当导演一筹莫展之际，他看到正要出发去看球赛的公司职员小于，便前去问他是否还有打字员在公司。小于摇摇头，得知导演需要帮忙，他便表示虽然自己打字速度一般，但是愿意留下来帮忙。

打字工作结束后，导演如释重负，问小于自己该付多少钱。小于开玩笑说："看在您这个大导演的面子上，就300吧。要是别人让我帮忙，300肯定是不够的！"

小于不过是开了个玩笑，但导演却当真了。此后，导演一直在外地忙于拍戏。半年后，导演找到小于，真的给了他300元，还聘请小于到自己的公司工作，薪水足足高出了他现在薪水的两倍。

有时候，在工作和生活中，我们会碰到一些职责范围之外的事，只要我们坚定地站在公司的立场上，凡事为公司着想，而不是袖手旁观，采取冷眼观望的态度，我们的努力必将得到回报。

04 不要嫁祸他人

在职场中，当一些人的工作出现问题后，这些人对上司所说的第一句话通常就是："这是某某某造成的。"他们还会把手指向某人或某个部门。总之，事情没有做好与他们无关，统统都是其他人的错。这种为了推卸责任而嫁祸他人的行为，是严重不负责任的。

一家香港公司在深圳有个办事处。刚成立时，办事处需要申报税项。当年有很多这样性质的办事处都没有进行税项申报，另外，这家办事处还没有营业收入，所以事情就这么被搁置下来。过了两年，税务局在检查中发现这家办事处在经营期间没有纳税，于是当即罚款上万元。事后，香港总部的老板非常生气，质问深圳办事处主管："你当时是怎么想的，怎么会容许这样的事情发生？"主管答道："当时我也想去申报税项，但我的职员说其他公司也没申报，再说不申报也可以给公司省些钱，我也就没再考虑。还有，这些事情都是那个职员一手操办的。"老板又给这个职员打电话，问了同样的问题。职员回答说："我们从为公司节省资金的角度考虑，加上当时还没有营业收入，所以我们才没有申报。再说了，别的公司也没申报啊。我把这些情况跟主管说了，最终申不申报还应由他做决定，他没跟我说，我也就没报。"两位当事人都没有检讨自己，而是把责任推到对方身上。这就是典型的嫁祸他人的例子。

虽然现在的公司在制度上都尽量做到权责明确，让每一个部门和每个人都有明确的职责。但是，公司总会有一些突发事件或者意外的任务，一时无法划归哪个部门或哪个人负责。如果你是处理这些事件的人，遇到问题后，一定要勇敢地把责任承担起来，而不要说这不是我的责任，事情本来应该由某某去做。这样推脱的话，不但对解决问题没有任何帮助，还会对自己的职场生涯产生不良影响。

逊尼在英国一家大型建筑公司任工程部经理。一次，公司在外地进行一项工程时与当地居民发生了矛盾。老板见逊尼能说会道，处事周全，于是派他去外地和公司分部的几位负责人共同协调、处理这件事

嫁祸他人的人最终会引火上身。

情。虽然这项工作并不在逊尼的职责范围之内，不过，公司在短时间内找不出合适的人选，只能派他去。

到达外地后，还没有详细地了解整件事情的来龙去脉，逊尼就发号施令。而且，他认为自己是老板派下来的人，其他的人必须听从自己的指挥。他不但不与分部的负责人合作，还一意孤行。结果，公司与当地居民的矛盾不仅没有解决，反而更加尖锐。面对老板的责问，他把责任全部推到分部的几位负责人身上。当老板详细地了解了整件事情的经过后，知道了问题出在逊尼的身上，于是对他的信任逐渐下降。

这件事发生后不久，逊尼在自己负责的一项工程上需要和分部的几位负责人合作。可是，因为他曾经嫁祸于人，分部的负责人便借机报复他。逊尼嫁祸他人的做法终于引火上身，最后，他被迫辞职，丢掉了本来很有发展前景的一份工作。

在一家公司中，如果嫁祸他人、找替罪羊成为一种风气，那么员工之间就会互相埋怨、互相推卸责任，致使问题得不到解决，导致公司发展前景堪忧。其实，最后受害的，还是公司的员工。

作为公司中的一员，你在接到工作任务后，应该与同事精诚合作，为完成任务而共同努力，不能为给自己揽功而一意孤行，导致不能很好地完成任务，给公司带来损失。同时，你也应该勇于承担责任，而不是在出现问题之后，为自己寻找借口，开脱责任，甚至让他人成为"替罪羊"。

有人说过，一名合格的员工永远都会为这两件事负责：一件是目前从事的工作，另一件是以前完成的工作。不管是谁，只要做到了这两点，那么他一定会成为一名优秀的员工，在公司的发展越来越好。因为这种人具备了一种高度负责的精神。你能为现在的工作负责，就能把这项工作做得更出色，在超越自我中前进，获得更高的职位和更多的薪金。你为以前完成的工作负责，不但能吸取更多的经验和教训，提高自己的工作能力，还能以自己的人格魅力赢得他人的信任。这样，你也能很快实现人生价值。

不要一出现问题就急着让自己置身事外，甚至嫁祸他人。这样的人不是想着如何做好自己的工作，而是想着如何不让自己承担责任。当你的精力没有全部放在工作中时，你能很好地完成工作吗？只要你尽职尽责地对待工作，为了工作全力以赴，在工作出现问题后，能及时自我检讨、改进工作方法，他人也会原谅你的错误。毕竟，没有人会不犯错。但是，明明是你的责任，你不去承担，还要狡辩，无论前期你如何努力，你的表现也不会得到他人的认同。

优秀的员工是这样做的：当他接到新的工作后，与同事精诚合作，与大家共同努力完成任务。在这个过程中，他既不会偷懒耍滑，也不会大包大揽。当工作因为种种原因没有做好时，他会第一个站出来，说这是他的责任，然后想方设法解决问题。他绝对不会嫁祸他人。

英国著名的成功学家格兰特说过这样一句话："如果你有自己系鞋带的能力，你就有上天摘星的机会！"是啊，承担责任能让我们变得无比强大。如果你把推卸责任、嫁祸他人的时间和精力用在解决问题上，你一定会让自己的工作和事业发生质的变化。

05 不要坐等奇迹出现

一百多年前,一位探险家在寻找矿石时看见一位老农悠然自得地坐在树桩上,便上前和他聊天。老农得意扬扬地说起自己的幸运事,他说:"我在砍柴的时候,突遇一场狂风暴雨,大风刮倒了许多大树,那些树够我烧好几年呢!还有一次,我正准备点燃一堆干草,一道闪电突然闪过,我发现干草已经被点着了。"探险家由衷地说:"您真是很幸运!"老农问他:"你来这里做什么?"探险家回答道:"哦,我在此地找矿石。"老农听后非常兴奋,说:"我现在正在等地震发生,帮我把土豆从地里翻出来。我看你也和我一起等吧,没准一场地震之后就有你要找的矿石了。"

探险家没有答应,在休息了一会儿之后继续上路了。而老农还在等待一场地震。很快,冬季到了,一场大雪将大地盖得严严实实。探险家因为行动积极,早就找到了矿石;而老农的土豆被埋在地下,他白白辛苦了一年。

其实在现实中,也有很多像老农那样的人,他们在工作面前不积极主动,而是抱着等待的态度期望出现奇迹。结果,奇迹等不来,反而延误了时机,给自己和公司造成重大损失。

洛依达是一名运动员,他在训练过程中经常使用挪威一家药厂出产的清凉药和镇痛剂。后来人们发现,这两种药在一起使用,会产生一些对人体有害的成分。如果长期使用,人体会遭到极大的伤害。在加利福尼亚州，很多长期使用这两种药的人，身体都出现了不良反应。这两种药品的不良反应逐渐被人们知晓，大多数人都放弃了使用。

不过，洛依达却没有将此事放在心上，他认为不良反应也许不会出现在自己身上。于是，他继续使用这两种药物。终于有一天，洛依达出现了手脚疼痛、关节和肌肉痉挛等不良反应。于是，他将药厂告上法庭，并要求对方支付400万美元的赔偿金。最后，法院只判药厂赔偿了他120万美元。理由是，洛依达明知道这两种药会产生不良反应，还继续使用，所以，他应该对自己的病承担主要责任。洛依达不能否认，自己漫不经心的态度是造成身体受损的主要原因。如果他及时停药，并入院治疗，那么情况就会好很多。

同样的情况，也发生在卡林·里奇身上。他是一家药厂负责售后服务的经理，当他知道这两种药品能对人体产生不良反应后，却没有采取任何措施。按照他的职责，他应该向公司报告此事，收回药品，并妥善处理。因为他的不负责任，致使公司官司不断，公司的声誉因此而跌入了低谷。最后，公司以渎职罪把他告上了法庭。

责任将伴随我们一生，从出生到离世，我们都必须勇于承担属于自己的责任。责任与我们的生活密不可分。面对责任，我们应该积极主动地承担，而不是消极地躲避。坐等奇迹出现，是对自己不负责任的表现。最后吃亏的，只能是你自己。

坐等奇迹出现不仅是一种渎职行为，还是一种消极行为。许多人之所以能取得成功，就是因为他们做到了：从不消极地对待一切。

君平在一家大型滑雪娱乐公司做修理工。一天晚上，他像往常一样出去巡夜。在检查到造雪机的时候，他发现其中一台造雪机喷出的不是雪而是水。他明白，这是造雪机的水量控制开关和水泵压力开关配合不协调的原因。他马上赶到水泵坑边，借助手电筒的光，他发现坑里已经积满了水，马上就要碰到动力电源的开关。水一旦碰到开关，电线就会短路，公司就会因此遭受重大损失，甚至会有人因此而受伤。眼前的这种危险局面虽然不是他造成的，虽然他只是一个普通的修理工，但他还是不顾危险，跳入水泵坑中，关上水泵阀门，让水

在你高谈阔论，坐等奇迹出现时，别人已走向成功。

停止流出。接着,他穿着湿透的衣服,站在冰冷刺骨的水中,把坑里的水全部排尽。当同事们赶过来帮忙的时候,所有的险情都已经被解除了,而君平已经冻得说不出话了。他被迅速送往医院,因救治及时,才没落下伤残。

面对险情,君平没有说这不是我的责任,也没有坐等奇迹出现,而是积极行动,最终解除了险情,使公司避免遭受重大损失。老板非常欣赏他的表现,在他出院后就将他提拔为部门经理。

不坐等奇迹出现,而是积极行动去解决问题,才会得到他人的赞赏。这样的人会因为自己勇于负责任的态度而为自己的人生和事业开创出更广阔的发展天地。

李默现在是一家美国大公司的副总裁,刚到美国时,学企业管理的他选择的第一份工作却是仓库保管员。李默知道自己早晚有一天会"发光",但是不能默默等待机会,要主动出击。其实,李默并没有四处去寻找机会,而是努力做好自己的本职工作。他以货物流通为切入点,通过对物流速度的分析来评判公司的各项业务,并找出运作缓慢需要调整的环节,对其加以分析后提交报告,以此作为公司管理层做出决策的参考依据。李默把公司遇到的问题当成自己的问题去解决,因而,奇迹出现了。他在十年里,从仓库管理员做到了副总裁,如今掌控着上百亿的资金运作。当我们回顾他的传奇经历时,我们发现这一切都不是他坐等来的,而是他努力奋斗换来的。

所以说,不管在任何时候,我们都应该忠诚地履行职责,勇敢地承担责任，积极地解决问题，而不是坐等奇迹出现。一个人如果做到了主动面对危机，勇于承担责任，在危机面前大胆前进，他就能表现出自己的优秀品质和卓越能力，从而获得更好的发展机会。

06 不要急于证明自己的清白

在某家交通电台的直播节目中，主持人连线车管所，并向接电话的工作人员提出问题，没想到电话那头的人竟甩出一句"关你屁事"。此事引发了众多市民的不满。对于这件事，车管所负责人急急忙忙地证明自己是清白的。他认为车管所是没有问题的，并说："当事人是个志愿者，不懂事。"

如今，在某些单位，干坏事、错事的人不是"临时工"就是"志愿者"。"临时工"和"志愿者"成了他们工作失误的"挡箭牌"，这实际上不是正确对待错误的做法。即使犯错误的确实是临时人员或是志愿者，上班期间他们代表的是所在职能部门的形象，就应该为自己的言行负责。相关部门对他们的要求也不能因为其临时性身份就有所降低，即使他们的"不懂事"属于个人行为，但所在单位也有不可推卸的责任。

进一步说，职能部门在招进这些人员之后是进行相应的培训还是让他们直接上岗？在对这些人员进行管理时是否因为他们是临时人员就降低要求甚至是没有要求？此类问题都是这些单位应该考虑到的，如果这些临时人员做出"不懂事"的事情后，所在单位就急着证明自己的清白，在公众心中这个职能部门就不值得信任了。

一个单位推卸责任，会引起市民的反感。一名职工如果也推卸责任，在问题出现后不想办法解决，而是急于证明自己的清白，那么他在职场上也不会有所作为。

但是，在公司里，到处都有这种急于证明自己清白的人。当问题出现后，他们不是检讨自己，进而想办法解决问题，而是急于推卸责任，让自己置身事外。他们会说自己很无辜，也很清白。究其根本，还是因为他们缺乏责任心。这种人不是胆小怕事，就是虚荣心太强。虚荣心太强的人则容易高估自己的能力，他们认为自己各方面都不错，在工作中基本上不会有失误。时间一长，他们就形成了"一贯正确"的意识。即使是过错真的出现了，他们也不愿意接受。为了面子，他们便千方百计地为自己的过错开脱，证明自己的清白。实际上，这种为自己"涂脂抹粉"的行为，会让他们的人生道路变得越来越狭窄。

如果你想实现理想，成就一番事业，你就要勇于负责，因为这是成功的重要法则之一。所以，当你面对问题的时候，要以勇于负责的精神，冷静地思考，周密地筹划，积极地行动，将问题妥善解决；而不应该躲避责任，并千方百计地向他人证明自己是清白的，进而推卸掉肩上的责任。

洛纳里是一家大型公司亚洲分部的采购主管。一次，一个部门的经理和自己的助手都向他推荐泰国的一种产品，说这种产品在北卡罗来纳州一定会畅销的。经过考察，洛纳里也认为这种产品一定会有销路。但是在采购的过程中，洛纳里犯下了一个大错。他在部门经理和自己助手的建议下，透支了账上的所有存款数额。但是，对采购商来说，有一条非常重要的规则不可以违背，那就是：不能透支自己所开账户上的存款。因为只有等到下一个采购季节，账户资金才会被补满。那就意味着在这个过程中，你无法再采购任何产品，因为你的账户上没有一分钱。

就在他们购买这种泰国产品之后，上司突然让洛纳里去日本采购一家企业生产的新式手提包。这种手提包非常受欧洲妇女的喜爱。可是，洛纳里的账户上已经没有钱了。

此时，他只有两种选择：第一，向上司坦承失误，并配合上司向总公司申请追加拨款；第二，证明自己的清白，因为透支存款不是自己的意思，而是部门经理和自己的助手的意思。洛纳里没有选择第二种做法。他先向上司承认了错误，然后详细地论述了采购泰国产品的理由。同时，他积极配合上司向总公司申请追加拨款。因为洛纳里的积极行动，公司决定追加拨款，让他们前往日本购买手提包。

当那种泰国产品推向市场后，如洛纳里等人所料，迅速成为当地的畅销产品。同样成为畅销商品的还有他们在日本采购来的手提包。最

当出现问题时，先不要急于辩白。

后，洛纳里等人都得到了公司的奖赏。

当然，生活中的确有诸多不确定的因素，导致任何工作都有一定的风险，这种风险可能会给工作带来不确定性的后果。有些人在面对问题时，因为害怕而不敢承担责任，于是竭尽全力向别人证明自己与此事无关。那么，这样的行为就成了一种懦弱的行为，也是一种不负责任的行为。推卸责任，不仅会失去他人的信任，还会错失成功的机遇。因为风险带来的不确定性，虽然可能会给人造成重大损失，但也可能给人带来意想不到的收益。从这个意义上说，勇于面对风险与问题，就有可能抓住成功的机遇。

在职场中，很多人只想收获，而不想为工作付出。"没有耕耘，就没有收获"是一个放之四海而皆准的道理。在工作中，不要一出现失误，就马上找借口，为自己辩白。勇于承担责任才是一名优秀员工的必备素质。

07 不要漠视处于困境中的同事

沃斯在一家机械销售公司担任业务主管。为了促进公司发展，公司行政部又招聘了一批新的业务员，并对他们进行了入职培训。不过，这些业务员都是刚毕业的大学生，缺乏社会经验，而且也都是第一次接触到机械销售这一行业，一时也无法掌握公司在培训中传授的销售技巧。培训结束后，这些业务员中的休姆和嘉丽被分配到沃斯所在部门。两个月过去了，尽管这两人学的也是机械专业，但他们对机械销售技巧还是只知道皮毛，每次和客户谈生意的时候，都因为销售技巧掌握不当，致使原本能签下的单子泡汤了。

沃斯看到这种情况后曾多次想帮助他们，如果自己和客户谈生意时让他俩在旁边观摩学习，等客户走后再对他们进行指导，他俩一定会摆脱工作困境。可是，沃斯思索再三，还是放弃了帮助他俩的打算。因为他认为，这会浪费自己很多时间和精力，自己的业务水平甚至可能会因此而下降。三个月后，休姆和嘉丽因为在试用期内没有业务成绩而被公司辞退。沃斯所在部门的经理史坦利先生知道这个消息后，把沃斯叫到自己的办公室。

史坦利先生说："沃斯，在试用期内，我曾仔细观察过休姆和嘉丽的表现，其实他们很勤奋，也有敬业精神。只不过他们是刚刚毕业的大学生，社会和职场经验都不足，再加上机械销售本来就属于高难度的销售行业，所以他们一时无法进入状态，这很正常。但是，他们没有业务成绩，最大的责任不在他们身上，而在你这个业务主管身上。你应该知道，作为业务主管，你有责任帮助新业务员掌握销售技巧，让他们摆脱工作困境，这是你的工作职责。实际上你是如何做的？你漠视他们遇到的困难，从来不主动帮助他们，没有指导他们如何和客户谈判。是你的不负责造成了他们被解雇的后果。"

面对经理史坦利的批评，沃斯深感自己对新员工没有尽到责任，羞愧地低下了头。

一个公司要向前发展，就需要招聘一些新员工为自己输入新鲜血液。新员工加入后，虽然能激发公司内部的发展活力，但同时也带来了一些问题，如因为经验缺乏而无法进入工作状态等。此时，对新员工进行培训和指导，让他们尽快适应工作，就成了部门经理和基层主管的责任。

其实，即使我们不是领导，只是一名员工，也应该对其他同事伸出援助之手，而不应该漠视处于困境中的同事。梁华的职场故事或许会对你有一定的启发。

梁华是一家大型造纸厂的车间主任。不过，他刚进入这家公司时，做的是车间清洁工。为了成为一名技术工人，他在工作之余主动学习，最终掌握了造纸技术，还学会了机械维修，被车间主任提拔为技术工人。

梁华是一个热心肠的人，对于处在困境之中的同事，他总是伸出自己的援助之手。尤其是对刚入职的新人，他总是主动向他们提供帮助，帮助他们熟悉工作环境和工作流程。所以，不管谁有难题，都愿意向他请教。他因为为公司培养了一批又一批的新人而受到上司的赏识，后来被提拔为技术班长。两年之后，车间主任因故离职，梁华便接替了他的职位。

作为企业中的一员，我们有责任让企业与我们一起不断进步。在工作中，没有所谓的"分内事、分外事"，只要是和公司利益有关的事，都是我们的事。所以，如果有同事在工作上陷入困境之中，我们就应该伸出援助之手。只有所有的人通力合作，齐头并进，公司才能有更大的发展。所以，对同事的困难，我们绝对不能漠视。

小王是一家公司的电脑安装工程师。一天，他带着三名新人到客

帮助别人，也是成就自己。

户那里为客户安装电脑，配置系统。三位新人中的小李是一个心直口快的人，小王对他的印象并不好。在为客户安装电脑的过程中，小王看见小李的操作步骤出现了问题，但出于对他的厌恶，小王假装没有看见。小李的操作失误最终导致客户的一台电脑出现故障。客户要求小王所在的公司对此进行赔偿。最后，小王和小李都受到了公司的惩罚。尤其是小王，他有责任帮助小李而没有帮助，致使客户和公司都受到了一定损失，让上司深感失望。

我们不能凭着对一个人的好恶而决定自己是否应该帮助他人，我们也不能因为不愿意承担更多的责任而放弃自己应该承担的责任。如果每一个人都丢下自己的职责不管，只想从团队中获得自己想要的东西，团队又怎能和谐发展呢？

当看到同事处于困境之中时，伸出你的援助之手，这是你对企业有责任心的表现。一个对自己所在企业负责的人，其实就是在对自己负责，因为他的发展与企业休戚相关。这就好像一片水域的环境和条件，决定着生活在这里的鱼类的生存状况一样。企业发展好了，企业中的员工才会有更大的发展空间。同事之间互相帮助，有利于创造出一种和谐、团结的企业文化，增加公司的凝聚力，促进公司向前发展。

有些人认为，帮助别人就会牺牲自己的利益，别人进步了，自己却退步了。其实，在工作中，我们主动帮助同事，不仅不会影响到自己的业绩，反而能得到更多人的认可和尊重，也能得到老板的器重。在帮助同事的过程中，我们的能力会得到锻炼，我们的内心会得到快乐。一个想要成功的人，必须明白一个永不过时的成功法则：想要获得他人的帮助，首先就要主动帮助他人；想要成就自己，就要先想出办法去成就他人。

书目

001. 唐诗
002. 宋词
003. 元曲
004. 三字经
005. 百家姓
006. 千字文
007. 弟子规
008. 增广贤文
009. 千家诗
010. 菜根谭
011. 孙子兵法
012. 三十六计
013. 老子
014. 庄子
015. 孟子
016. 论语
017. 五经
018. 四书
019. 诗经
020. 诸子百家哲理寓言
021. 山海经
022. 战国策
023. 三国志
024. 史记
025. 资治通鉴
026. 快读二十四史
027. 文心雕龙
028. 说文解字
029. 古文观止
030. 梦溪笔谈
031. 天工开物
032. 四库全书
033. 孝经
034. 素书
035. 冰鉴
036. 人类未解之谜（世界卷）
037. 人类未解之谜（中国卷）
038. 人类神秘现象（世界卷）
039. 人类神秘现象（中国卷）
040. 世界上下五千年
041. 中华上下五千年·夏商周
042. 中华上下五千年·春秋战国
043. 中华上下五千年·秦汉
044. 中华上下五千年·三国两晋
045. 中华上下五千年·隋唐
046. 中华上下五千年·宋元
047. 中华上下五千年·明清
048. 楚辞经典
049. 汉赋经典
050. 唐宋八大家散文
051. 世说新语
052. 徐霞客游记
053. 牡丹亭
054. 西厢记
055. 聊斋
056. 最美的散文（世界卷）
057. 最美的散文（中国卷）
058. 朱自清散文
059. 最美的词
060. 最美的诗
061. 柳永·李清照词
062. 苏东坡·辛弃疾词
063. 人间词话
064. 李白·杜甫诗
065. 红楼梦诗词
066. 徐志摩的诗

067. 朝花夕拾	100. 中国国家地理
068. 呐喊	101. 中国文化与自然遗产
069. 彷徨	102. 世界文化与自然遗产
070. 野草集	103. 西洋建筑
071. 园丁集	104. 西洋绘画
072. 飞鸟集	105. 世界文化常识
073. 新月集	106. 中国文化常识
074. 罗马神话	107. 中国历史年表
075. 希腊神话	108. 老子的智慧
076. 失落的文明	109. 三十六计的智慧
077. 罗马文明	110. 孙子兵法的智慧
078. 希腊文明	111. 优雅——格调
079. 古埃及文明	112. 致加西亚的信
080. 玛雅文明	113. 假如给我三天光明
081. 印度文明	114. 智慧书
082. 拜占庭文明	115. 少年中国说
083. 巴比伦文明	116. 长生殿
084. 瓦尔登湖	117. 格言联璧
085. 蒙田美文	118. 笠翁对韵
086. 培根论说文集	119. 列子
087. 沉思录	120. 墨子
088. 宽容	121. 荀子
089. 人类的故事	122. 包公案
090. 姓氏	123. 韩非子
091. 汉字	124. 鬼谷子
092. 茶道	125. 淮南子
093. 成语故事	126. 孔子家语
094. 中华句典	127. 老残游记
095. 奇趣楹联	128. 彭公案
096. 中华书法	129. 笑林广记
097. 中国建筑	130. 朱子家训
098. 中国绘画	131. 诸葛亮兵法
099. 中国文明考古	132. 幼学琼林

133. 太平广记
134. 声律启蒙
135. 小窗幽记
136. 孽海花
137. 警世通言
138. 醒世恒言
139. 喻世明言
140. 初刻拍案惊奇
141. 二刻拍案惊奇
142. 容斋随笔
143. 桃花扇
144. 忠经
145. 围炉夜话
146. 贞观政要
147. 龙文鞭影
148. 颜氏家训
149. 六韬
150. 三略
151. 励志枕边书
152. 心态决定命运
153. 一分钟口才训练
154. 低调做人的艺术
155. 锻造你的核心竞争力：保证完成任务
156. 礼仪资本
157. 每天进步一点点
158. 让你与众不同的8种职场素质
159. 思路决定出路
160. 优雅——妆容
161. 细节决定成败
162. 跟卡耐基学当众讲话
163. 跟卡耐基学人际交往
164. 跟卡耐基学商务礼仪

165. 情商决定命运
166. 受益一生的职场寓言
167. 我能：最大化自己的8种方法
168. 性格决定命运
169. 一分钟习惯培养
170. 影响一生的财商
171. 在逆境中成功的14种思路
172. 责任胜于能力
173. 最伟大的励志经典
174. 卡耐基人性的优点
175. 卡耐基人性的弱点
176. 财富的密码
177. 青年女性要懂的人生道理
178. 倍受欢迎的说话方式
179. 开发大脑的经典思维游戏
180. 千万别和孩子这样说——好父母绝不对孩子说的40句话
181. 和孩子这样说话很有效——好父母常对孩子说的36句话
182. 心灵甘泉